大雅叢刊

商 標 授 權 論
—— 公平法與智產法系列四

徐火明 主編

李鎂 著

／三民書局印行

國立中央圖書館出版品預行編目資料

商標授權論／李鎂著. --初版. --臺北市
：三民，民83
　　　面；　　　公分. --（大雅叢刊）
（公平法與智產法系列；4）
參考書目：面
ISBN 957-14-2102-2（精裝）
ISBN 957-14-2103-0（平裝）

1.商標-法律方面

492.5　　　　　　　　　　　83007974

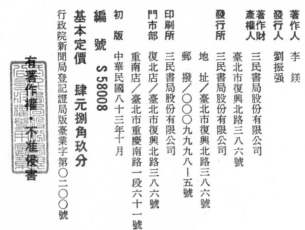

ⓒ 商　標　授　權　論
　　—公平法與智產法系列四

著作人　李　鎂
發行人　劉振強
著作財
產權人　三民書局股份有限公司
　　　　臺北市復興北路三八六號
發行所　三民書局股份有限公司
　　　　地　址／臺北市復興北路三八六號
　　　　郵　撥／〇〇〇九九九八—五號
印刷所　三民書局股份有限公司
門市部　復北店／臺北市復興北路三八六號
　　　　重南店／臺北市重慶南路一段六十一號
初　版　中華民國八十三年十月
編　號　S 58008
基本定價　肆元捌角玖分
行政院新聞局登記證局版臺業字第〇二〇〇號

有著作權·不准侵害

ISBN 957-14-2103-0（平裝）

總　序

　　專利法之目的，在提升產業技術，促進經濟之繁榮。商標法之目的，在保障商標專用權及消費者之利益，以促進工商企業之正常發展。著作權法之目的，在保障著作人之權益，調和社會公共利益，以促進國家文化之發展。公平交易法之目的，在維護交易秩序與消費者利益，確保競爭之公平與自由，以促進經濟之安定與繁榮。專利權、商標權及著作權，可稱之為智慧財產權，此種權利在先天上即具有獨占性質，而公平交易法則在排除獨占，究竟彼此之間，係互相排斥，抑或相輔相成，其間關係密切，殊值在學理上詳細探究，乃開闢叢書，作為探討之園地，並蒙三民書局股份有限公司董事長劉振強先生鼎力協助及精心規劃，特定名為「公平法與智產法系列」。

　　余曩昔負笈歐陸，幸得機緣，從學於當代智慧財產權法及競爭法名師德國麻克斯蒲朗克外國暨國際專利法競爭法與著作權法研究院院長拜爾教授 (Prof. Dr. Friedrich-Karl Beier)，對於彼邦學術研究之興盛與叢書之出版，頗為嚮往。數年後，本叢書終能在自己之領土上生根發芽，首先應感謝何孝元教授、曾陳明汝教授、甯育豐教授、王志剛教授、王仁宏教授、楊崇森教授、廖義男教授、黃茂榮教授、梁宇賢教授、林誠二教授、周添城教授、賴源河教授、林欽賢教授、蘇永欽教授、李文儀教授、蔡英文教授、劉紹樑教授、莊春發教授、何之邁教授、蔡明誠教授及謝銘洋教授等前輩先進之指導鼓勵。本叢書首創初期，作者邱志平法官、李鎂小姐、徐玉玲法官、朱鈺洋律師及李桂英律師等法界後起之秀，勤奮著述，共襄盛舉，謹誌謝忱。

　　本叢書採取開放態度，舉凡公平法與智產法相關論著，而具備相當水準者，均所歡迎，可直接與三民書局編輯部聯絡。本叢書之出版，旨在拋磚引玉，盼能繼續發芽茁壯，以引發研究公平法與智產法之興趣，建立經濟法治之基礎。

徐　火　明

八十二年十月一日

自　序

　　現行商標法係於民國十九年公布、二十年施行，其間歷經多次修正，惟修正幅度均有限，直至八十二年商標法修正，始有全面之檢討及補充，尤以對商標授權之規定改採截然不同之立法政策變革最大。按我國商標授權制度係於民國四十七年商標法修正時正式明文規定，三十多年來立法政策均持嚴格審查之態度，其嚴格之規定並為各國所罕見，而本次修正，則大幅放寬、幾無限制。此種由極嚴格至極寬鬆立法政策之改變，其理論基礎為何？何以需有如此重大之變革以及現行規定是否妥當？如能予以檢討分析，當可對商標授權有更進一步之瞭解。

　　本書主要是以新舊商標法第二十六條之規定為中心，就新舊商標授權之規定加以比較分析及檢討，並研擬修正條文，以作為行政機關及立法機關之參考，全書共分七章，主要內容如下：

　　第一章：緒論。首先說明商標授權制度之興起與發展。

　　第二章：商標授權之外國立法例。主要是列舉英國、美國、日本三國對於商標授權之規定加以說明。

　　第三章：修正前商標授權之規定及檢討。

　　第四章：現行商標授權之規定及檢討。

　　第五章：標章之授權。八十二年商標法修正增列證明標章及團體標章，與服務標章併列為「標章」，本章主要介紹服務標章、證明標章及團體標章之定義及性質，並就其授權規定予以分析。

　　第六章：註冊商標應否申請商標授權之抉擇。本章針對各廠商間常見之經營、合作型態，分別就關係企業、經銷商、代理商、貿易商、委

託加工、連鎖經營等各種情形，分析商標授權之必要性與否。

第七章：結論。

本書得以完成，應感謝恩師國立中興大學法律系徐教授火明之指導與鼓勵、經濟部訴願會鮑執行秘書娟與中央標準局張慧明惠予提供寶貴資料，始能順利付梓，特此申達謝意。又本書撰寫期間，外子健欽先生給予多方支持，關愛有加，並代兼母職備極辛勞，使著者得以心無旁騖全力以赴，併此致謝。

匆促成書，容有錯誤或欠周延之處，尚祈不吝指正，以便日後修正，不勝感謝。

李　　鎂　八十三年四月十日

商 標 授 權 論

目 錄

第一章 緒 論

第一節 商標授權之興起與發展

　　工商業及交通發達之結果，商品之流通率極大，由國內市場推展到國外市場，只須極短暫之時間。如果工商業在促銷產品、拓展貿易之過程中，未使用商標，市場上之各商品必產生混淆現象，消費者在眾多商品之間，即無從區別其差異，從而，即無法辨識何種來源之商品方為其真正所欲購買。由此可知，商標最原始之功能在於「表彰商品來源」（注一）。所謂「表彰商品來源」之功能，係指商標可使一般消費大眾知悉同一商標所表彰之商品，是由同一產製主體所生產、製造，亦即，其有同一之商品來源。商品在銷售過程中，通常有製造商、經銷商、零售商、代理商等參與其中，最後再輾轉傳至消費者手裏（注二），在商品輾轉流通過程中，消費者莫不依據商品或其包裝、容器上所附加之商標以確定該商品之來源是否同一，而後再據以決定所欲選購之商品。因此，依此理論之解釋，任何商標，如使用之結果將使消費者對商品之來源產生誤認、誤信者，即屬違反商標法之規定。蓋消費者得明顯選擇商品之權利被剝奪，致造成誤認、誤信，自有違商標法保護消費者之立法精神（注三）。商標功能，在此解釋之下，商標授權制度即不被允許。按商標授權，乃指「商標權人，仍保留其商標專用權，依據授權契約，於一定條件下，允許他人使用其商標，如無此項授權而使用該商標者，該他人即成為侵害商標專用權者」之謂（注四）。可見經由商標授權，

同一個商標所表彰之商品可能係由不同之產製者所生產、製造而成，依前述商標有表彰商品來源功能之理論觀之，即有使消費者對商品來源產生誤認誤信之虞。是以在早期，除非連同整個營業一併移轉，商標授權制度爲實務上所禁止（注五）。

商標「表彰商品來源」功能之理論，到一九三〇年前後，逐漸受到許多學者之批評，彼等學者認爲，在工商社會，單以消費大眾選擇商品來源之行爲解釋商標功能之理論，似有不足（注六）。首先，美國學者 Schechter 認爲，商品上之商標，可能是由距離消費者千里以外遠之製造商或進口商所附加，此等廠商，很可能只是在商品上打上商標，旋即將之流通於市場，實際上並未參與此項商品之製造。此外，某商標商品亦可能係由賺取傭金之中間商從中銷售，此等商人除從製造商處取得商品轉售給消費者外，並未改變商品之成分或品質，而消費者在選購商品時，對於此等販賣者之身分或其營業場所，通常亦不加過問。足見消費者所關心者，非商品之眞正出處，而是相信「相同之商標所表彰之商品，應有相同之來源」，至於何者爲該商品之來源，消費者可能並不想知道。申言之，消費者通常並不關心商品眞正之製造商、經銷商、零售商或代理商是誰，相同商標所表彰之商品只是讓消費者認識到其所購買之商品，可能是來自同一之產製者（也許此產製者並未具名）或是經由相同之銷售管道輾轉流通市面，至該商品之來源爲何，並不重要（注七）。依 Schechter 氏之解釋，商標之功能應係在表彰商品品質之同一，以促使一般消費大眾日後能辨認商標、購買商品。過去，只將商標解釋成「營業信譽」（goodwill）之表徵，或認爲「營業信譽是實體、商標是其影子」之觀念，在今日已不能充分闡明商標之功能。現今，商標除表彰營業信譽外，其本身即有建立營業信譽之功能，越是具顯著性之商標，越是具有其潛在之促銷功能，引發消費者下次繼續購買同一品牌商品之意願。

雖依 Schechter「相同來源」之說法，商標授權制度仍爲多數學者所不贊同，蓋即令如氏所言，消費者對於眞正之製造商是誰並不關心，但因商標授權通常牽涉到不同之商品來源，消費者仍有誤信誤認之虞。

繼 Schechter 之後，對於「表彰商品來源」理論加以批評並提出精闢理論者，爲 Isaacs 氏。其認爲商標之功能不應局限在「表彰商品來源」之理論上，蓋商標如果只是表彰商品之來源，則任何一個製造商只要繼續使用某特定商標，即可任意改變商品之內容，甚至製造品質較低劣、價格較低廉之產品，而未造成消費者之誤信誤認，因其商品來源始終同一故也（注八）。顯然，此種說法並不合理。實則隨著現今工商企業快速發展，製造商與消費者間關係疏離，甚或分布在不同之國度，彼此並不認識，再也無法對於製造商一一辨認，消費者之所以在眾多商品中選購特定品牌之商品，無非係因對該商標所表彰之商品品質有一定之信賴，易言之，消費者所關心的，非當然爲商品之來源，而是相信在相同商標下所表彰之商品應具有相同之品質，此即「品質保證說」（注九）。例如「大同」是表彰家電用品之商標，由於其在全國具有多數連鎖店，因此，當吾人見到任何有「大同」商標之產品，皆可期待其具有同一之品質，而不考慮此家販售「大同」家電用品之廠商是原廠之代理商或經銷商，其間有何關係、其何以得使用「大同」商標等等。由此可見，消費者選擇商品之取向是依據商品之品質，故在交易過程中，商標具有品質保證之功能。

「品質保證說」之理論對於商標授權制度之興起，有極重大之影響。在過去「表彰商品來源」理論下，除非商標專用權人連同營業一併移轉給被授權人，或是授權人提供被授權人完成商品之重要成分且參與商品之製造，否則不准商標授權。蓋商品之品質，與其使用之原料、配方、組件及其後之加工、製造、裝配之技術不無相關，如授權人未提供構成商品所必須之原料，或未參與商品最後製造之過程，則消費者因信

賴某一廠商之特定商品而購買，將有誤信誤認之虞。在「品質保證說」之定義下， 則不再課以授權人直接參與商品製造之嚴格義務， 而代之以較輕之品質管制義務，即只要授權人對於不同之商品來源（即被授權人）完成之商品品質能加以控制，使其維持相同之品質即可。依此，一製造可樂之廠商，可以其商標授權他人使用，只要對該他人完成之可樂之品質加以管制，使保持相同之水準即可，而不必實際參與其製造過程或提供有關原料。此一理論，擴大商標授權之範圍，並且賦予其新的意義。

「品質保證說」不但改變過去認為商標只是表彰商品來源之狹義說法，同時也肯定商標有其廣告之功能。因為商標除可表彰商品來源、保證品質、表示一定之營業信譽外，同時也是建立營業信譽之最重要方法之一。促成消費者購買某一廠牌商品之因素甚多，除該商品之品質及實用性外，商標本身之促銷力亦為重要因素，經由商標之廣告效用，可使原已知悉其商品之購買者，對於營業者之信譽益堅其信賴，對於不知其商品者，則可使商標深入購買者之腦海，加深其印象，於下次購買時，只須認明該商標，即可買到同樣商品。由此可知，一商品之信譽，除由其良好之品質所建立外，亦因商標本身之廣告功能所致（注一〇）。

正因為商標有其廣告之功能，所以一般企業多願意藉商標授權以促銷商品，蓋被授權人得利用授權人商標所建立之信譽吸引顧客，輕易獲取消費者之選擇，授權人亦可因被授權人使用其商標進出市場、擴展銷路、打開知名度，二者相得益彰。

由上述商標功能理論之發展可知，早期將商標功能局限於「表彰來源」之初，商標授權並不受允許，以其將有使消費者對於商品來源產生誤信誤認之虞故也，自一九三〇年前後，學者分別對於「表彰來源」理論加以詮釋及修正，提出「品質保證說」及確定商標有廣告功能後，商標授權逐漸受到肯定。在新學說下，以「品質管制」為商標授權之理論

基礎，對於授權之限制縮小，再加上控制方法不一而定，如產品規格之規定、樣品之抽查、廠房設備之視察、訓練被授權人所屬之員工等，皆可符合所謂「品質管制」之要求，故商標授權之範圍擴大、樣態增加，在工商業間被廣泛地採行（注一一）。尤以今日工商業突飛猛進，商標授權制度倍感需要，蓋如無授權制度，商標專用權人縱與另一企業有合作產銷或企業上之密切連繫，該另一企業仍無法使用對方之註冊商標，導致妨害企業間之合作與發展。因之，現今各國大多承認商標授權制度，而廠商申請商標授權登記者，亦有逐漸增加之趨勢。

第二節　商標授權與經濟發展之關係

工商企業界為發展經濟、拓展貿易，恒以商標作為經濟武器，以增進商品之銷售量。商標經長久使用、廠商不斷改進商品之品質以及大量宣傳之結果，極易在市面上建立優良信譽，為一般消費者所喜愛。惟自創品牌、改善商品品質與大量宣傳，皆須龐大之投資，非一般中小企業在短期內所能成功（注一二），且即令花費龐大投資，亦不見得必然有所報酬。就此顧慮，中小企業可藉商標授權契約，使用他人已有信譽之商標以促銷商品，來減輕企劃之阻力、提高生產品質、輕易獲取消費者之選擇及減少企業經營所冒之風險（注一三）。此外，大企業之對外投資、技術合作、以及世界性之大貿易商等，其商品均須使用業已著有盛譽之商標，始能開拓並保持其市場（注一四），故現代工商企業投資他人使用其商標之需要，與日俱增（注一五）。

再者，開發中國家，為促進經濟繁榮，僅賴新產品之輸入並不為功，引進外國技術乃根本之策，而技術發明日新月異，工業先進國家為維護產品優勢，彼此間亦有技術交流之必要，以使現有技術更臻完善、工業生產更上層樓（注一六）。雖然技術之輸入與交流，可以藉商品之

進出口國際市場以達成，但其中有運費、資金、關稅障礙等種種因素，可能削減商品競爭力，廠商乃以技術合作之方式，配合工業財產權授權契約之訂立，以達成技術輸入與交流之目的，而商標授權通常爲企業間投資或技術合作之原動力。

大體言之，藉商標授權契約，授權人可達到下述目的（注一七）：

1. 收受權利金（Royalty），增加所得收入。
2. 就有發展潛力之技術，獲得更多之研究及開發。
3. 以提供技術協助之方式協助在國外之子公司業務之推行。
4. 強化市場競爭力，吸引更多投資者。
5. 在回歸授權（Grant Back Licence）之情形，可由被授權人處獲得新技術。
6. 將商品大量行銷於市面上。
7. 減少風險。

商標授權對於被授權人，亦可達成如下之目的：

1. 解決可能發生或已發生之商標侵害問題。
2. 避免投資、研究開發商品所冒之風險。
3. 獲得需要之技術。
4. 補充本身已有之各種研究及開發。

如前所述，商標授權對於一國經濟及技術之發展扮演極重要之角色。且有其正面效果，但非謂商標授權對於國家之經濟及消費者毫無其負面影響。誠然，開發中國家吸引外資及尋求外國新科技之轉移，是經濟發展之重點，例如我國「外國人投資條例（已廢止）」、「華僑回國投資條例」、「技術合作條例」等規定即本乎斯旨而定。但是，「天下並無白吃之午餐」，當一個企業，尤其外國企業決定投資或將其辛苦發展之技術移轉他人，其出發點或非在幫助他國發展經濟，而在於其投資或技術合作所可能獲致之經營利益，對這些企業而言，最直接之方式不外乎

在我國市場上占有一席之地，而商標授權，則是技術合作或投資之內容
之一。外國商標授權商品挾其強勢之競爭力與國內廠商一起刮分市場，
極可能因此打擊國內之廠商，尤其是對於剛起步，自己從事研究、發展
之廠商影響更大。被授權使用商標之國內廠商，雖亦支出廣告之費用，
但由於被授權人所取得的，只是商標之使用權，其本身並非商標專用權
人，所打出來的知名度及營業信譽，仍歸授權人所有。此外，過分依賴
授權商標，如他日授權人改變合作初衷，終止授權契約，常使被授權之
廠商一時無法因應，不免受制於人。

　　再者，雖商標授權可使被授權人減少經營之風險，但長期下來，過
分依賴外國商標，導致疏於研究發展，將難以創出自己之品牌，對消費
者而言，接受新產品之機會逐漸減少。又外國之商標長期充斥市場，將
使國內消費者習慣於購買外國產品，養成「凡是外國商標之商品都是好
的」之觀念，而不相信本國商標商品之品質。廠商為滿足消費者愛用外
國貨之心境，不問有無授權、是否真為外國輸入之商品，莫不盡量在商
品上打上外文，以增加銷售量，如此長久惡性循環，「愛用國貨」成為
空談，養成崇尚洋貨之惡習，而民族自信心亦可能隨之減弱（注一八）。

　　商標授權既有正面及負面之影響，政府是否有必要介入干涉？一般
而言，商標授權在本質上為一私法上之契約，基於契約自由及私法自治
之原則（注一九），理不應加以干涉，但自由化經濟發展到某一程度，有
時並不符合公眾利益，此時政府站在超然之立場，為了公益，不得不藉
公權力介入市場之自由運作，此一行為為現代經濟制度下所承認，是
故，立法者在承認商標授權制度之同時，也考量其所可能造成經濟發展
之負面影響，進而對於商標授權制度加以某種限制，以期經濟之發展得
以正常之運作。

　　我國商標法自民國四十七年正式明文規定商標授權以來，向採嚴格
審查之態度，先則規定：「商標專用權人，除移轉其商標外，不得授權

他人使用其商標。但他人商品之製造係受商標專用權人之監督支配而能保持該商標之相同品質，並經商標主管機關核准者，不在此限。」嗣於民國六十一年商標法修正時，採取更嚴格之態度，規定：「商標專用權人，除移轉其商標外，不得授權他人使用其商標。但他人商品之製造，係受商標專用權人之監督支配，而能保持該商標商品之相同品質，並合於經濟部基於國家經濟發展需要所規定之條件，經商標主管機關核准者，不在此限。」，將合於國家經濟發展需要所規定之條件，亦列為商標授權使用之條件。至民國八十二年修正商標法時，則大幅解除限制，將商標法第二十六條修正為：「商標專用權人得就其所註冊之商品之全部或一部授權他人使用其商標。」「前項授權應向商標主管機關登記；未經登記者不得對抗第三人。授權使用人經商標專用權人同意，再授權他人使用者，亦同。」「商標授權之使用人，應於其商品或包裝容器上為商標授權之標示」。依此新規定，商標授權幾無限制，只須登記，且登記僅生對抗第三人之效力，尚非商標授權之生效要件。此種截然不同之立法政策，其所持理論基礎為何？施行三十多年之商標授權制度何以需要有如此重大之變更？現行規定是否已臻完善？均有一一加以檢討之必要。

注　釋

注　一　通常所謂商品來源（origin），係兼指商品之製造者及該商品製造之地方
　　　　而言。Notes and Comments: Quality Control and the Antitrust
　　　　Laws in Trademark Licensing, *The Yale Law Journal*, 1174
　　　　(1963)。關於商標表彰商品來源之歷史背景，請參照何孝元著，工業所
　　　　有權之研究，頁一四一，民國六十年九月再版。

注　二　周占春，我國商標法上服務標章制度之檢討，頁一八，國立中興大學法
　　　　律研究所七十四學年度第二學期碩士論文，民國七十五年六月。

注　三　修正前商標法第三十七條第一項第六款之規定，商標圖樣「有欺罔公眾
　　　　或致公眾誤信之虞」之情形者，不得申請註冊。至何謂「有欺罔公眾或
　　　　致公眾誤信之虞」則未有明確定義，悉屬行政裁量範疇。有鑑於該款規
　　　　定之過於概括，如何適用，於實務上頗有爭議，本次商標法修正，乃參
　　　　酌歷來行政法院判決意旨，明定其涵義，按不同情形，分別規定於第六
　　　　款及第七款，均為商標圖樣不得申請註冊之事由——。
　　　　第六款：使公眾誤認誤信其商品之性質、品質或產地之虞者。
　　　　第七款：襲用他人之商標或標章有致公眾誤信之虞者。

注　四　曾陳明汝著，美國商標制度之研究，頁一一一，民國六十七年三月。

注　五　J. Thomas McCarthy, *Trademarks and Unfair Competition*, The
　　　　Lawyers Co-operative Publish Co., at 631, (1973).

注　六　對「表彰商品來源」之理論加以批評者，先有一九二七年之 Schechter，
　　　　後有一九三〇年之 Isaacs，其內容容後詳述。

注　七　Schechter, The Rational Basis of Trademark Protection, 40
　　　　Harvard Law Review, 813-818 (1927); Schechter, Fog and Fiction
　　　　in Trademark Protection, 36 *Columbia Law Review*, 60, 64-65
　　　　(1936).

注　八　Nathan Isacs, Traffic in Trade-Symbol, 44 *Harvard Law Review*,
　　　　at 1215 (1931).

注　九　曾陳明汝著，前引注四，頁一三。宋富美，談商標授權，中興大學法學
　　　　研究報告選集，頁三一八，民國七十年十二月。J. Thomas McCarthy,
　　　　Supra Note 5 at 631, 632; Notes and Comments, Supra Note 1
　　　　at 1174.

注一〇　關於商標之廣告功能，可參閱何孝元著，前引注一，頁一四二。

注一一　Notes and Comments, Supra Note 1, at 1177. 宋富美，前引注九，頁三一九。

注一二　徐火明，商標仿冒與改進我國商標制度芻議，法令月刊，第三四卷一二期，頁一七，民國七十四年十二月。

注一三　吳慧美，商標授權對經濟發展之影響，保護工業財產權研討會講義，頁三。民國七十五年五月。

注一四　李茂堂著，商標法之理論與實務，頁二八七，民國六十七年十一月。

注一五　現代工商企業，授權他人使用其商標之需要，與日俱增，舉其原因有如下所述：(1)母公司需要子公司使用其商標；(2)組織合作公司時，合作公司需要使用母公司之商標；(3)商品委由他公司製造販賣時，需要使用其商標；(4)依技術合作契約，需要使用其商標；(5)其他。參閱金進平著，工業所有權法新論，頁三七五，民國七十四年十月。

注一六　曾陳明汝，工業財產權授權契約及其國際私法問題，收入其所著，工業財產權法專論，頁二三三～二三四，臺大法學叢書二九輯，民國七十年八月。

注一七　Eva Csiza'r Goldman, International Trademark Licensing Agreement: A Key to Future Technological Development, *California Western International Law Journal*, Vol. 16 at 199 (1986).

注一八　民國五十九年經濟部對外國商標授權與移轉使用之意見書列了使用外國商標之缺點，略有：(1)影響本國之商業發展；(2)受制於外商；(3)國際市場永遠不能維持；(4)消費者受欺罔；(5)影響國貨推銷等。

注一九　有關私法自治之理論及發展，參照楊崇森，私法自治制度之流弊及其修正，政大法學評論三、四期，民國六十年六月，編入鄭玉波主編，民法總則論文選輯（上），頁一〇一～一七三，法學論文選輯 (1)，民國七十三年七月。

第二章 商標授權之外國立法例

商標授權制度，目前已爲多數國家所承認（注一），惟有關規定並不完全相同。如核准授權之要件、授權之效力，甚至授權使用之名詞，各國皆有所別。如美國商標法上並未直接規定商標授權，而係以「關係公司」（related company）之使用爲商標授權之基礎；英國商標法上雖未明文規定授權一詞，而係以「允許使用」（permitted use）稱之，但性質即屬授權；日本商標法則將商標授權分爲「獨占使用權」及「非獨占使用權」（專用使用權及通常使用權）是。

以下茲先就英國、美國、日本三個國家有關商標授權之規定分別介紹，至於我國商標法上商標授權之規定，則分別於第三章及第四章敍述。

第一節 英 國

如前所述，由於各國法制的不同，有關商標授權使用之規定，亦因此而各有不同。一般言之，在第二次世界大戰以前，除了英國以外，其他國家並無有關商標授權之規定。英國在第二次世界大戰以前即有所謂「註册使用人」（Registered User）之規定，嗣世界各國始相繼起而仿效，增訂商標授權使用之規定（注二）。按英國商標之授權使用，事實上在交易社會早已存在，爲解決此一問題，乃於一九三八年修改商標法，就商標由專用權以外之他人使用加以規範。其關於授權，法文並未明文引用授權（Licence）一詞，而是以「允許使用」（permitted use）稱之，即爲商標授權。關於允許使用，主要是規定在商標法第二十八條，

茲說明如次。

　英國商標法第二十八條第一項規定，商標專用權人以外之人，得登記為註冊商標所表彰商品之全部或一部之註冊使用人，此種情形，即為商標之允許使用（注三）。惟訂立商標允許使用契約之當事人，須檢附申請書，載明契約內容，如商標指定使用之商品、商標專用權人對於使用權人監督支配之程度、契約之期限等有關事項，向主管機關申請核准。審查員（Registrar）於審理時，如認申請人所呈之資料齊備，並無違反公共利益時，即得核准之，但如核准授權使用之結果，有生不法之商品交易之虞時，即應核駁之（同條第四項、第五項及第六項）（注四）。

　以上為英國商標法上有關商標授權之規定，最初解釋此項規定時，一般多認商標授權之當事人，如未依規定向主管機關申請登記，其授權為不合法，該註冊商標將因之無效（注五）。但一九六三年間，著名之 Bostitch 案件中，法院認為商標之允許他人使用，只要無造成欺罔公眾之虞，並不以向主管機關註冊登記為必要（注六）。

一、McGarry and Cole v. Bostitch Inc. 案例

　本案 Bostitch Inc. 是一美國公司（以下簡稱 B），擁有在英國註冊之 "BOSTITCH" 商標專用權。McGarry and Cole 為一英國公司（以下簡稱 M & C），原先 B 與 M & C 訂有合約，M & C 為 B 在英國之經銷商，經銷 B 所生產之 "BOSTITCH" 商標指定使用之商品。後因戰爭及英國貨物進口限制之因素，B 同意 M & C 在英國自製商品，並打上 "BOSTITCH" 商標，惟此項合約，當事人並未向商標主管機關為「允許使用」之登記。嗣後，B 意識到其允許 M & C 使用 "BOSTITCH" 商標，未依英國商標法第二十八條之規定申請登記，註冊商標將有被撤銷之虞，乃力促 M & C 協同申請授權登記，但為 M & C 所拒絕。B 乃起

訴主張 M&C 侵害其商標專用權，而 M&C 則主張 B 之商標已失其效
力，不得再有任何主張（注七）。

　　本案審理之法官 Lloyd Jacob 認為，依英國商標法第二十八條之法
文觀之，該條為訓示規定，而非強制規定，因該條第一項僅謂商標專
用權以外之人，「得」（may）登記為註冊商標所表彰商品之全部或
一部之註冊使用人（…a person other than the proprietor of a trade
mark "may" be registered as a registered user of…），法文既明白
使用「得」字，足見商標之允許他人使用，是否向主管機關申請註冊，
可由當事人自行決定。雖然，依同條第四項規定，欲為商標之註冊使用
之人，「須」（Must）檢附申請書向主管機關為之，（…the proposed
registered user "must" apply in writting to the Registrar…），但
此項規定，是指欲登記為註冊使用人之人，須檢附有關資料，以書面向
主管機關為之，易言之，如不擬申請登記者，即可不必依此規定申請登
記。Lloyd Jacob 法官除對商標法第二十八條為上述解釋外，並認為
商標未為授權之登記與商標專用權之效力間，並無關連。本案 B 對於
M&C 所製造之商品品質，仍有監督支配，並未使消費大眾產生混淆誤
認，其以 "BOSTITCH" 商標授權 M&C 使用，雖未經登記，仍屬有
效，且不影響商標專用權之效力。雖然，Bostitch 案判決解釋商標授權
不以登記為必要，但一般學者，多認為向主管機關申請授權登記，仍有
其重要性（注八）。

　　英國商標法第二十六條第一項第（b）款規定商標於註冊後，繼續
五年以上無正當事由未使用者，得撤銷該商標專用權（注九）。此項規
定，與商標之授權使用，有極重要之關係，蓋甚多商標專用權人於授
權他人使用其商標後，自己即不再使用該商標，除非被授權人就其商標
之使用視為授權人之使用，否則該商標將因五年未使用而被撤銷。雖然
前述 Bostitch 案判決認未經登記之商標授權並不影響商標專用權之效

力，但從商標法之規定、實務上之見解、甚或該判決解釋觀之，皆未承認未經授權註冊之商標被授權人就商標之使用得視爲授權人之使用（注一〇）。

英國商標法第二十八條第二項明文規定，商標經允許使用後，該他人就商標之使用，仍視爲商標專用權人自己之使用（注一一）。本項所稱之允許使用，即指業經註冊者而言，故 Bostitch 案之判決雖謂未經登記授權使用不影響商標權，但卻有可能因商標權人五年未使用而遭撤銷。

再者，英國之商標法係採先申請主義，而非先使用主義，即任何人就其業已使用之商標欲享有專用權，或擬使用某商標並享有其專用權者，須以書面向主管機關申請註冊爲該商標之專用權人。因此，任何人只要有使用商標之意願（intent to use），即可申請註冊。

雖然，依英國商標法第十七條之規定，申請商標註冊，須有使用商標之「意願」，但因「意願」爲內心之意向，不易由外部查知，故提出商標註冊申請者，大多推定申請人有使用商標之意願（注一二）。但英國實務上，卻曾有一起關於申請人使用商標之「意願」之爭議，饒富趣味，在此略述，以作爲商標授權登記重要性之佐證。

二、Pussy Galore 案例 (注一三)

本案申請人 Mrs. Ian Fleming 因認 "PUSSY GALORE" 商標極有價值，如取得專用權後再將之授權他人使用，可獲取權利金、賺得利潤，乃依法提出商標註冊申請。審查員於審核時，曾詢及申請人 Ian Fleming 本人是否有使用商標之意願（一般而言，申請人提出商標註冊申請，即認有使用之意願，何以本案審查員對申請人使用之意願，特別質疑而詢問之，其理由安在？不得而知），申請人回答時坦誠表示其本身並無使用此商標之意圖，惟擬於取得商標專用權後授權他人使用。申請人並主張，有授權他人使用之意願即爲有使用該商標之意願，蓋商標

法第二十八條之規定，被授權人就商標之使用，視爲授權人之使用。

　　就申請人此項主張，審查員認爲商標法第二十八條係針對業經註册之商標而言，不及於未經註册前之申請程序。詳言之，商標法第二十八條之立法意旨，係爲避免商標專用人因已授權他人使用商標，而自己未再使用，致商標專用權被撤銷而喪失。至未經取得商標專用權之前，商標並無繼續五年不使用而被撤銷之問題，自不能以商標法第二十八條解釋有「擬授權他人使用」之意願，即爲「擬自己使用」之意願。此項認定，於申請人上訴時，獲得確定。

　　其實，"Pussy Galore" 案，如申請人 Fleming 於申請商標註册之同時，一併申請登記以該商標授權他人使用，其商標申請即不致被核駁。因英國商標法第二十九條第一項第 b 款規定，申請人於申請註册之同時亦申請允許他人爲註册使用人，如審查員認爲其確有允許該他人使用之意願，且該他人亦確實願意於商標註册後立即登記爲註册使用人時，即應核准商標之註册（注一四）。

　　由以上說明可知，在英國申請商標註册，至少必須具備下述二要件之一：即（一）有擬使用該商標之意願，單純地計畫於註册後授權他人使用，非有所謂「擬使用該商標之意願」。（二）如自己不使用，擬授權他人使用，依第二十九條第一項第 b 款之規定，須於申請商標註册之同時，申請該商標之允許使用註册。再者，商標註册後，如欲繼續保有其效力，則於註册後五年內須有使用之事實（商標法第二十六條第一項第 b 款），此使用，可由專用權人爲之，亦可由註册使用人爲之（第二十八條第二項），但如前所述，未經註册前允許他人使用，該他人之使用，則非商標之使用（注一五）。

　　綜上所述，在英國，商標授權雖有 Bostitch 案認可不經註册，只要授權人對被授權人之商品有監督支配，對消費者不致造成欺罔即可，但授權使用之登記，不論在決定商標有否使用或商標申請時所具備之要件

時，皆有影響。因此，如同 Emil Scheller 氏所言，Bostitch 案之積極意義，應在強調品質管制之重要性，而非強調商標授權可不經註冊（注一六），故英國之商標授權，仍以向主管機關登記爲宜。經註冊之商標授權，其效力略可分爲三點：（一）被授權人使用商標，視爲授權人之使用，故即令授權人本身不使用商標，仍無被撤銷之虞。（二）他人有侵害商標專用權情事而授權人（即商標專用權人）怠於追訴者，被授權人得以自己名義追訴之（商標法第二十八條第三項）（注一七）。（三）申請商標註冊之同時，如申請授權登記，亦視爲有使用商標之意願。又應注意者，申請授權登記者，非一律得以獲准，必須未違反公共利益方得核准，且如果授權使用結果有生不法交易之虞時，即不予核准。

第二節　美　　國

一、普通法（Common Law）時期

早期美國聯邦商標法對於商標授權，並無明文規定（注一八），實務上則採嚴格之限制。例如一九〇一年 Macmaham Pharmacal Co. v. Denver Chemical Co. 一案中，商標專用權人將其指定使用於牙膏之商標 "ANTIPHILOGESTIVE" 授權給另一製造牙粉之廠商使用，並約定就被授權人以外第三人之仿冒行爲，應加以追訴，以保障被授權人之權益。法院認爲除非將商標與其營業一併移轉，否則不得授權他人使用，故此項授權契約不生效力。此時之學說及法院，咸認商標之功能在於表彰商品來源，被授權人出售之商品，並非來自於商標專用權人，商品來源不同，將使消費大眾產生混淆、造成欺罔，因此，商標授權應認不合法而構成商標權之拋棄（abandonment of trademark right）（注一九）。

繼 Macmaham Pharmacal 案判決後，大多數法院皆持相同見解，即商標授權，須與其營業一併移轉。但隨後，在例外情形下，法院亦有承認合法之商標授權者（注二〇）。漸漸地，法院對於商標授權，不再嚴格禁止，只要商標專用權人對於被授權人商品之性質、品質有一定之管制，使消費者不致因信賴商標而被欺罔，即可承認合法之商標授權。通常，如商標專用權人提供被授權人製造商品所需之原料，其商標授權即為有效，最有名之可口可樂（Coca-Cola）案件即為適例。該案可口可樂公司提供糖漿給他公司，由該他公司將之稀釋並裝瓶打上商標，法院認為此種商標授權為有效，以授權人提供製造商品之基本原料，並加以監督，消費者不致買到劣質產品故也。其後亦有數法院與可口可樂之授權案，採相同之見解（注二一）。雖然如此，但法院間對於商標授權之案例，仍有極不一致之見解，到一九四六年蘭哈姆法案（Lanham Act）（注二二）頒布後，才對商標授權明文加以規定（注二三），並允許商標授權之註冊登記（注二四）。

二、蘭哈姆法案有關規定

蘭哈姆法案第五條（15 U. S. C. §1055）規定，註冊標章或申請註冊之標章，得由關係公司為合法之使用，其因為此種使用所生之利益，以不欺罔公眾為限，及於該標章之專用權人及申請註冊之人，且不影響該標章或其註冊之效力。如標章最初使用人就其商品或服務之品質為標章專用權人或申請註冊人所監督支配，則因使用標章所生之利益，及於商標專用權人或申請註冊之人（注二五）。所謂關係公司，依同法第四十五條（15 U. S. C. §1127）之規定，則係指對標章指定使用之商品或服務之品質加以監督支配或受專用權人或申請註冊人監督支配者而言（注二六）。

此為現行美國商標法關於商標授權之規定（注二七）。依此規定，

有效之商標授權，必須符合：（一）被授權人之合法使用，（二）無欺罔公眾，（三）商標專用權人合法之管制等三要件。其中尤以品質管制為有效商標授權之基本要件，蓋商標之授權，如未與其營業一併移轉，且授權人對被授權人之商品品質又未加以管制者，則相同商標指定使用之商品將有不同之品質，消費者即有誤信誤認之虞，此有違商標法同時保護消費者之宗旨。因此，最有效避免消費者被欺罔之道，即為課予授權人管制被授權人商品品質之義務（注二八），此與我國商標法修正前商標授權之規定意旨相同，只要商標權人對於被授權人之商品加以有效管制，則商標授權之效力，不因為被授權人之多寡或授權人本身有無出售商品而受影響。反之，如授權人未為有效之管制，則此種授權為空授權（bare or naked license），商標專用權人將冒商標權拋棄之危險（注二九），其結果，商標專用權即有被撤銷之虞。至於未為品質管制之空授權與構成商標專用權之拋棄，究應在何種情況下始足當之，則無明確之標準。有些法院認為授權契約內未有隻字提及品質管制之字眼者，即認定有商標權之拋棄，惟此種判決頗值爭議，蓋商標授權並非以書面之作成為生效要件，且授權人亦應對商品品質為實際上控制而非紙上之管制；此外，亦有法院認為商標專用權人未為品質管制，並不表示有拋棄商標權之意思，故主張商標專用權人拋棄商標權者，尚須證明其有拋棄之意思。事實上，商標授權人即使疏於品質管制，亦難謂有拋棄商標權之意思，而且，對造是否能證明授權人有拋棄商標權之意思，亦頗值懷疑，倘使法院必欲要求對造證明授權人有拋棄商標權之意思，則授權人之疏於管制商品品質，勢難構成商標權之拋棄，儘管消費大眾已產生誤信誤認。再者，從蘭哈姆法案第四十五條之規定觀之，只要商標權人之行為，不問作為或不作為，足使商標喪失其表彰商品來源之意義者，即可視為商標之拋棄，就其文字觀之，並不以商標權人具有拋棄之意思為要件，故應可解釋為：商標如對消費大眾已喪失其功能，不再為

表彰商品或服務之標誌，或得甄別自己與他人商品者，即可證明其為拋棄，因「不作為」即可包括疏於品質之管制在內。亦有認法案之條文字義本身，似仍著重於商標本身喪失其表彰商品來源之功能，儘管其不以拋棄之意思為要件，然則，忽略品質管制之「空授權」，仍難謂非具有拋棄商標權之意思（注三〇）。

　　由上述說明可知，美國現行商標法關於商標授權之規定，係以「品質管制」為其基石，商標授權人如為有效之品質管制，則被授權人之使用商標，其利益，歸屬授權人（蘭哈姆法案第五條），所謂利益，例如次要意義（second meaning）（注三一）之取得，被授權人之使用視為授權人之使用（注三二）是。反之，如未為商品之管制，則商標有被視為拋棄致被撤銷之虞，足見「品質管制」對商標授權之重要性，至於授權人應為何種程度之管制，始符法律之規定，實務上，有不同之見解。在少數案例中，法院認為授權人如在授權契約上訂有「品質管制」等字眼即已足，而不問授權人實際上有否為真正之管制（注三三）。另有法院則認為授權人未親自為品質管制並不當然表示授權契約無效，只要授權人合理地信賴被授權人本身已努力為品質之管制即可，因有此種信賴，即可視為授權人對該商標所表彰之商品，已盡合理之監督、管理責任。但大多數法院皆認所謂管制，係指事實上之管理監督，而非僅指授權人有管制之權，故不問是否契約上有明文規定「管制」之字眼，皆須依實際上有無為商品之監督以為斷（注三四）。此種解釋，以商標專用權人實際上是否確有監督支配以為斷，不流於形式上之審查，對消費者之保障較為周全，誠屬可採。

第三節　日　　本

一、商標授權之理論背景

　　日本舊商標法並無商標授權之規定，判例、學說亦多認商標之授權他人使用爲無效。現行商標法鑑於經濟交易之需要，乃明文規定商標授權制度（注三五）， 其特點在於將商標授權區分爲「獨占使用權」與「非獨占使用權」（商標法第三十一條）（注三六）， 承認具有物權效力之獨占使用權以及具有債權效力之非獨占使用權。而且，當發生使用權者對商品品質製造來源致生混淆且產生違反公益的結果時，任何人都有權請求撤銷商標權，因此商標權者及使用權者都會努力維持產品品質，如此一來可以防止違反公益的情形發生。日本採取這種主張的理由有如下幾點：（注三七）

1. 在舊法中，不承認授權制度的最大理由爲商標權和營業權不可分離， 主張不能只移轉營業權部分 。 現行法主張採用商標權和營業權可以分開而且可以自由移轉之原則。因爲商標權是爲表彰營業而產生的，商標和營業分開只是許可商標授權他人使用，並不違反商標權的本質。

2. 認爲授權會發 生商品製造 來源的混淆 及不會妨害 公益的理由是，被授權人限於確保產品同一性的情況下，對公眾不生任何損害。在這情況下，不構成不承認授權的理由，也就是說不會產生品質誤認及製造來源混淆，充其量只是妨害競爭同業間之私益而已，然而在此情形，因有競爭同業者間的協議，因此不會侵害私益，也就是說防止商品製造來源的混淆，不成爲否定授權的理由。

3. 承認授權時在公益上特別要注意的是，一定要維持使用者的商品品質， 關於此點當實際發生商品的品質誤認時， 假如一般公眾可以有請求撤銷商標權的話，則可使使用者和商標權者的產品品質維持同一性。因爲事前設立預防限制在審查上極爲困難，況且一般而言，即使同意授權，如使用者銷售不良商品將

使商標權者喪失信用，商標權者對於沒信譽的人也不會同意授權，因此必然會對使用者的商品管理十分注意，使用權者通常也不會出售不良商品。

4. 即使採用像英國的事前審查制，在實際上假如產生品質誤認的情況，也一定要用法律加以規範，以及像美國限制關係業者的授權範圍，根本上也是無法防止品質誤認的產生，在實際有授權必要時，本制度的作用並不大。

二、日本商標授權之規定

(一) 日本商標法第三十條 (注三八) 為前述有關「獨占使用權」
　　之規定：

本條共分四項：第一項規定商標專用權人，就其商標專用權，得設定獨占使用權，但第四條第二項所定申請註册之商標專用權，不在此限（注三九）；第二項規定獨占使用權之效力。即獨占使用權人在依設定行為所定之範圍內，就指定商品有獨占、排他的使用註册商標之權利，因係獨占、排他之權利，故同一內容之獨占使用權，僅得為一次之設定；第三項係獨占使用權之移轉要件所為之規定。依該項規定，得移轉獨占使用權者，僅限於經商標專用權人之同意、繼承或一般繼受之情形；第四項規定專利法有關法條之準用，依準用之結果，獨占使用權人如得商標專用權人之同意，得再與他人設定非獨占使用權或設定質權（注四〇）。

商標之非獨占使用權，則規定在同法第三十一條（注四一），本條亦分四項：第一項規定商標專用權人，就其商標專用權，得授與他人為非獨占使用權，但第四條第二項所定申請註册之商標專用權，不在此限（注四二）；第二項規定非獨占使用權之效力，即非獨占使用權人於設定行為所定範圍內，就指定商品有使用註册商標之權利。非獨占使用權

因屬債權性質，不似獨占使用權有排他效力，故商標專用權人或獨占使用權人得再為同一內容之非獨占性之商標授權，惟獨占使用權人為此項授權時，須經商標專用權人之同意（商標法第三十條第四項）；第三項規定非獨占使用權限於經商標專用權人（於同時設有獨占使用權時之非獨占使用權，須經商標專用權人及獨占使用權人）之同意、繼承或一般繼受之情形，方得移轉（注四三）；第四項則為專利法有關規定之準用（注四四）。

（二）商標授權之效力：

依上述商標法之規定可知，獨占使用權人或非獨占使用權人於依設定行為（授權契約）所定範圍內，就指定商品，得使用他人之註冊商標（商標法第三十條第二項及第三十一條第二項）。獨占使用權因係獨占性、排他性之權利，故商標專用權人本身於獨占使用權設定之範圍內，不得使用註冊商標，亦不得再設定相同內容之獨占使用權，且不得再設定非獨占使用權（商標法第二十五條但書）（注四五）。相對地，非獨占使用權，因係債權性質，故商標專用權人或獨占使用權人於為非獨占使用權之設定後，自己仍得繼續使用其商標，且亦得再為相同內容之非獨占使用權之設定。又商標專用權人於設定非獨占使用權後，仍得設定獨占使用權（注四六）。

此外，獨占使用權人於設定使用權範圍內，其權利與商標專用權人同，故對於侵害其權利者，有損害停止請求權（日文為「差止請求權」）及損害賠償請求權（注四七）。非獨占使用權人則無此項權利，詳言之，非獨占使用權人，對於第三人之侵害註冊商標專用權之行為，不得以自己名義行使損害停止請求權，惟商標專用權人或獨占使用權人，怠於行使此項權利時，得代位行使之。

獨占使用權之移轉，除繼承一般繼受情形外，以得商標專用權人之同意為必要（商標法第三十條第三項），此於非獨占使用權之移轉，雖

亦相同，惟如商標專用權另設有獨占使用權時，則以經商標專用權人及
獨占使用權人雙方之同意為必要（商標法第三十一條第三項）。又就非
獨占使用權為質權之設定時，亦以須經商標專用權人（於獨占使用權上
設有非獨占使用權之情形，須經商標專用權人及獨占使用權人）之同意
為必要（商標法第三十條第四項準用專利法第七十七條第四項、商標法
第三十一條第四項準用專利法第九十四條第二項）。使用權如係共有，
則於移轉持分、設定質權時，需得各共有人之同意（商標法第三十條第
四項準用專利法第七十七條第四項、第五項，商標法第三十一條第四項
準用專利法第七十三條第一項）。

　　商標之使用權因契約所定期間屆滿、契約撤銷或解除、權利之拋
棄、為契約基礎之商標專用權乃至獨占使用權之消滅而消滅。惟於拋棄
之情形，如使用權上設有質權、非獨占使用權等權利時，為不使各該權
利人遭受損害，則獲得各權利人之承諾，乃有必要（商標法第三十條第
四項準用專利法第九十七條第二項、商標法第三十一條第四項準用專利
法第九十七條第三項）。

　　獨占使用權之設定，非經登記，不生效力（商標法第三十條第四項
準用專利法第九十八條第一項第二款），至非獨占使用權之設定，僅依
契約即告成立，但如經註冊，則對取得獨占使用權之人、非獨占使用權
設定後成為獨占使用權之人及其他第三人，亦生效力（商標法第三十一
條第四項準用專利法第九十九條第一項）。又獨占使用權之移轉變更、
處分所為之限制，非經登記，不生效力。非獨占使用權之移轉、變更、
消滅、處分，不以登記為生效要件，但如未經註冊，則不得對抗第三人
（商標法第三十六條第四項準用專利法第九十九條第三項）。

　　綜觀日本商標授權之規定，可謂極為寬鬆，只要雙方當事人設定授
權契約即可，此項授權契約，不須經主管機關之特別核准，在非獨占使
用權之情形，甚且不經登記即生效力，此與我國修正前商標授權之規

定，顯有不同。此種無條件承認商標授權之制度，是否失之過寬，而有加以限制之必要？詳言之，一般消費者不知授權使用之事實，誤以爲獨占使用權人或非獨占使用權人所售之商品即爲商標專用權人所製造，進而購買，如其品質較爲低劣時，將有受不測損害之虞。

爲免消費者權益受損，日本商標法第五十三條特規定：「商標授權使用之結果，如致消費者對商品品質產生誤認混淆，於商標專用權人知其情事而不爲相當之注意時， 任何人得依商標法第五十三條 （注四八）之規定，申請撤銷商標專用權」，依此規定，可防止授權使用之弊端，一方面於立法上並未爲嚴格之限制， 另一方面又有防弊之道， 應屬可採。蓋商標之授權使用，是否有造成欺罔消費大眾之虞，應以被授權人完成之商品品質是否與授權人之商品品質保持同一水準以爲斷，此項判斷，必須於被授權人實際完成商品後方可得知，故可不必於事前爲嚴格之限制。

注　　釋

注 一 例如英國、德國、法國、義大利、瑞士、日本、美國等國家，均允許商
標授權。德國雖未有授權之規定，但非法之所禁。

注 二 曾華松著，商標行政訴訟之研究（上冊），頁五五〇～五五一，民國七
十四年三月。

注 三 英國商標法第二十八條第一項之原文爲:

Article 28 (1): Subject to the provisions of this section, a person other than the proprietor of a trade mark may be registered as a registered user thereof in respect of all or any of the goods in respect of which it is registered (otherwise than as a defensive trade mark) and either with or without conditions or restrictions. The use of a trade mark by a registered user thereof in relation to goods with which he is connected in the course of trade and in respect of which for the time being the trade mark remains registered and he is registered as a registered user, being use such as to comply with any conditions or restrictions to which his registration is subject, is in this Act referred to as the "permitted use" thereof.

注 四 英國商標法第二十八條第四項、第五項及第六項之原文，分別爲:

Article 28 (4) "Where it is proposed that a person should be registered as a registered user of a trade mark, the proprietor and the proposed registered user must apply in writting to the Registrar in the prescribed manner and must furnish him with a statutory declaration made by the proprietor, or by some person authorized to act on his behalf and approved by the Registrar.

(a) giving particulars of the relationship, existing or proposed, between the proprietor and the proposed registered user, including particulars showing the degree of control by the proprietor over the permitted use which their relationship will confer and whether it is a term of their relationship that the proposed registered user shall be the sole registered user or that there shall be any other restriction as to persons for whose registration as registered users application may be made;

(b) stating the goods in respect of which registration is proposed;

(c) stating any conditions or restrictions proposed with respect to the characteristics of the goods, to the mode or place of permitted use, or to any other matter; and

(d) stating whether the permitted use is to be for a period or without limit of period, and, if for a period, the duration thereof; and with such further documents, information or evidence as may be required under the rules or by the Registrar.

Article 28 (5): When the requirements of the last foregoing subsection have been complied with, if the Registrar, after considering the information furnished to him under that subsection, is satisfied that in all the circumstances the use of the trade mark in relation to the proposed goods or any of them by the proposed registered user subject to any conditions or restrictions which the Registrar think proper would not be contrary to the public interest, the Registrar may register the proposed registered user as a registered user in respect of the goods as to which he is so satisfied subject as aforesaid.

Article 28 (6): The Registrar shall refuse an application under the foregoing provisions of this section if it appears to him that the grant thereof would tendo to facilitate trafficking in a trade mark.

注　五　Emil Scheller, Problems of Licensing and Intent to use in British Law Countries, 61 *TMR* at 446 (1971). 商標經允許他人使用後，卻未向主管機關登記，如因此致消費者產生欺罔誤認者，該商標卽喪失其效力，同業可申請撤銷之。另參閱 Peter Meinhard And Keith R. Havelock, Concise Trademark Law and Practice at 62 (1983).

注　六　參閱 1963 RPC 183, 轉引自 Leslie W. Melville, Trade Mark Licensing And the Bostitch Decision, 57 *TMR*, 259 (1967).

注　七　Id. 261-263.

注　八　Emil Scheller 認爲本案之積極意義應在於強調品質管制及在商品上爲授權標示之重要性，而非強調商標授權可不經註冊，蓋商標授權之註冊，對於當事人仍有重要影響，此點容後詳述。參閱 Emil Scheller, Supra Note 5.

注　九　英國商標法第二十六條第一項第 b 款之原文爲:

Article 26 (1) (b): Subject to the provisions of the next succeeding section, a registered trade mark may be taken off the register in respect of the any of goods in respect of which it is registered on application by any person···on the ground that···

(b) that up to the date one month before the date of the application a continuous period of five years or longer elapsed during which the trade mark was a registered trade mark and during which there was no bona fide use thereof in relation to those goods by any proprietor thereof for the time being.

注一○　Emil Scheller, Supra Note 5, at 448.

注一一　英國商標法第二十八條第二項規定之原文爲：

Article 28 (2): The permitted use of a trade mark shall be deemed to be used by the proprietor thereof, and shall be deemed not to be used by a person other than the proprietor, for the purposes of section twenty-six of this Act and for any other purpose for which such use is material under this Act or at common law.

注一二　英國商標法第十七條第一項之原文爲：

Article 17(1): Any person claiming to be the proprietor of a trade mark used or proposed to be used by him who is desirous of registering it must apply in writting to the Registrar in the prescribed manner for registration either in Part A or in Part B of the register.

　　　　我國商標法第二條於修正前原規定：「凡因表彰自己所生產、製造、加工、揀選、批售或經紀之商品，欲專用商標者，應檢附已登記之營業範圍證明，依本法申請註冊」。本次商標法修正，基於「應檢附已登記之營業範圍」，因各國營業登記法制不同，執行頻生爭議，爲免困擾，並符合國際慣例，爰修正爲以「營業範圍」爲限，以防止營業範圍外之註冊，並免除檢送營業範圍證明之不便，乃修正第二條爲：「凡因表彰自己營業之商品，確具使用意思，欲專用商標者，應依本法申請註冊」。本條修正內容固以解決檢附「營業範圍」證明爲主，惟修正條文中明定申請商標註冊，須「確具使用意思」則與前開英國商標法第十七條之規定申請商標，須有使用之意願同其旨趣。

注一三　British Board of Trade, Feb. 24, 1967. RPC, 265, 266. 轉引自 Emil Scheller, Supra Note 5 at 449-450.

注一四　英國商標法第二十九條第一項第 b 款規定之原文爲：

Article 29 (1) (b): No application for the registration of a trade mark in respect of any goods shall be refused, nor shall permission for such registration be withheld, on the ground, only that it appears that the applicant does not use or propose to use the trade mark⋯

(b) if the application is a accompanied by an application for the registration of a person as a registered user of the trade mark, and the tribunal is satisfied that the proprietor intends it to be used by that person in relation to those goods and the tribunal is also satisfied that that person will be registered as a registered user thereof immediately after the registration of the trade mark.

注一五　Emil Scheller, Supra Note 5 at 455.

注一六　同注八。

注一七　但被授權人應定二個月期限促授權人追訴，英國商標法第二十八條第三項之原文爲：

Article 28 (3): Subject to any agreement subsisting between the parties, a registered user of a trade mark shall be entitled to call upon the proprietor thereof to take proceedings to prevent infringement thereof, and, if the proprietor refuses or neglects to do so within two months after being so called upon, the registered user may institute proceedings for infringement in his own name as if he were the proprietor, making the proprietor a defendant.

注一八　The Federal Trade Mark Act of 1905, 33 stat. 724 (1905) did not deal with the practice, see Notes and Comments: Quality Control And The Antitrust Laws in Trade mark Licensing, 72 *Yale Law Journal*, 1183 (1963).

注一九　113 Fed. 468 (8th Cir. 1901) cited by Trademark Licensing: The Problem of Adequate Control, 59 *TMR*, 820 (1969).

注二〇　例如一九〇三年，Adam v. Folge 一案中，商標專用權人將其商標權與專利權一併授與製造商，允許製造商將該商標使用於所生產之商品上，法院認爲此項授權爲有效。See Adam v. Folger, 120 Fed. 260 (7th Cir. 1903) cited by Notes And Comments, Supra Note 18 at 1183, 1184.

注二一　Coca-Cola Co. v. J. G. Butler & Sons, 229 Fed. 224 (E. D.

Ark. 1916); Coca-Cola Co. v. Bennett, 238 Fed. 513 (8th Cir. 1916); Coca-Cola Bottling Co. v. Coca-Cola Co., 269 Fed. 796 (D. Del. 1920) cited by Trademark Licensing, Supra Note 2, 826-827.

注二二　英文 "Lanham" 之讀音中 h 並不發音，故正確讀法應爲「蘭阿姆法案」，惟目前學者多以「蘭哈姆法案」譯之，故本文仍以「蘭哈姆法案」稱之。

注二三　蘭哈姆法案對於商標授權雖未明文加以規定，但依該法第五條、第四十五條觀之，可知其在品質管制之前提下，承認商標授權，此點容後詳述。

注二四　在此之前，普通法雖亦有承認商標授權者，但仍無法爲商標授權之登記, See Developments in the Law—Trademarks and Unfair Competition, 68 *Harvard Law Review*, 871, (1955).

注二五　蘭哈姆案第五條規定，其原文爲: SEC. 5 (*15 U. S. C. 1055*). Where a registered mark or a mark sought to be registered is or may be used legitimately by related companies, such use shall inure to the benefit of the registrant or applicant for registration, and such use shall not affect the validity of such mark or of its registration, provided such mark is not used in such manner as to deceive the public. If first use of a mark by a person is controlled by the registrant or applicant for registration of the mark with respect to the nature and quality of the goods or services, such first use shall inure to the benefit of the registrant or applicant, as the case may be.

注二六　蘭哈姆法案第四十五條規定之原文爲:
Related Company. The term "related company" means any person whose use of a mark is controlled by the owner of the mark with respect to the nature and quality of the goods or services on or in connection with which the mark is used.

注二七　有關美國商標授權理論之興起及發展，可參見本書第一章緒論之說明。

注二八　Jerome Gilson, *Trademark Protection and Practice*, 6-8, (1982, originally published in 1974).

注二九　蘭哈姆法案第四十五條規定，商標專用權人之作爲或不作爲，致使商標失卻其表彰商品來源之意義者，視爲商標專用權之抛棄，其原文爲:
Lanham Act §45 (15 U.S.C. §1127) (2) When any course of

conduct of the owner, including acts of omission as well as commission, causes the mark to become the generic name for the goods or services on or in connection with which it is used or otherwise to lose its significance as a mark. Purchaser motivation shall not be a test for determining abandonment under this paragraph.

注三〇　曾陳明汝，美國商標制度之研究，頁一一五，民國六十七年三月。

注三一　一、關於商標次要意義之理論，可說明如下：商標應具有特別顯著性方得與他人之商品相區別。普通名詞、描述性術語、地名或人名等，如以其原始意義而使用者，均不得做爲商標申請註册，因其欠缺顯著性而無由將自己之商品與他人之商品相甄別，致使消費大眾發生混淆故也。惟此等名稱之表示方法，倘若已喪失其原始意義，而具有新的意義，足以表徵商品來源，消費大眾已廣泛承認其爲表彰商品之標誌者卽爲已具有次要意義而應受法律之保護，並得申請註册。次要意義之原則爲英國法院所創始，美國法亦加以採納，我國對此一原則之闡述尙未普遍。茲以實例加以說明：任何廠商均得以描述性之術語使用於其商品之上，以告知消費大眾其產品之功用、成分與性質。例如："bright" "rich" "solid" 等是，然則此乃使用其原始意義爲廣告之用，並無使其商品與他人商品相區別之作用，自非具顯著性之商標。但是，當此等文字被獨家使用於商品之上，而在消費大眾腦海裏已經產生一種產品來源之聯想，並使其由非顯著性變成顯著性者，則其原始意義因之喪失，而產生新的特殊意義 (special significance)──亦卽次要意義──其使用者因之取得商標專用權。有關次要意義之詳細說明，可參見曾陳明汝，前揭注，頁四一～四六及曾陳明汝著，專利商標法選論，頁二三九～二四一，國立臺灣大學法學叢書一三輯，民國六十六年三月。授權人對被授權人如爲有效之商品管制，則因被授權人之使用，使商標取得次要意義者，其利益及於授權人，亦卽視爲授權人取得次要意義而受法律之保護。

二、我國商標法修正前第四條規定：「商標以圖樣爲準，所用之文字、圖形、記號或其聯合式，應特別顯著，並應指定所施顏色（第一項）。商標名稱得載入商標圖樣（第二項）。」現已修正爲第五條，明定：「商標所用之文字、圖形、記號或其聯合式，應足以使一般商品購買人認識其爲表彰商品之標識，並得藉以與他人之商品相區別。凡描述性名稱、地理名詞、姓氏、指示商品等級及樣式之文字、記號、數字、字母等，如經申請人使用且在交易上已成爲申請人營業上商品之識別標章者，視爲具有特別顯著性。」已將「次要意義」之精神以法律明文規

　　定。

注三二　蘭哈姆法案第四十五條第一款規定，商標停止使用而依各種情況推知其
　　　　無繼續使用之意思者，視爲商標權之拋棄，繼續停止使用商標已滿二年
　　　　者，卽推定爲商標權之拋棄。

　　　　Lanham Act §45 （15 U.S.C. §1127）: *Abandonment.* A mark
　　　　shall be deemed to be "abandoned" when either of the following
　　　　occurs: (1) When its use has been discontinued with intent not to
　　　　resume such use. Intent not to resume may be inferred from
　　　　circumstances. Nonuse for two consecutive years shall be prima
　　　　facie evidence of abandonment. "Use" of a mark means the bona
　　　　fide use of that mark made in the ordinary course of trade, and
　　　　not made merely to reserve a right in a mark.

　　　　商標授權後，授權人如對被授權人之商品確有管制，則卽令授權人不再
　　　　使用該商標，被授權人之使用使該商標仍具有表彰商品之意義，自無被
　　　　推定有商標權拋棄之虞。

注三三　J. Thomas McCarthy, Trademarks and Unfair Competition, at 639
　　　　(1973).

注三四　Id. 640-641.

注三五　商標之授權使用，日文稱:「使用許諾」。

注三六　「獨占使用權」與「非獨占使用權」之日文，分別爲「專用使用權」及
　　　　「通常使用權」，亦有逕譯成「專用（屬）使用權」及「通常使用權」
　　　　者。參照周君穎撰，商標權之侵害及其民事救濟——中日兩國法之比
　　　　較，臺大法研所碩士論文，頁一〇～一一，民國七十年七月。

注三七　臺灣經濟研究院，歐日商標授權制度及其運作趨勢之研究（經濟部中央
　　　　標準局委託），頁五五～五六，民國八十一年三月。

注三八　日本商標法第三十條原文爲:
　　　　1.商標權者は、その商標權について專用使用權を設定することができ
　　　　　る。ただし、第四條第二項に規定する商標登錄出願に係る商標權に
　　　　　ついては、この限りでない。
　　　　2.專用使用權者は、設定行爲で定めた範圍にあいて、指定商品につい
　　　　　て登錄商標の使用をする權利を專有する。
　　　　3.專用使用權は、商標權者の承諾を得た場合及び相續えの他一般承繼
　　　　　の場合に限り、移轉することができる。
　　　　4.特許法第七十七條第四項及び第五項（質權の設定等）、第九十七條
　　　　　第二項（放棄）並びに第九十八條第一項第二號及び第二項（登錄の

效果）の規定は、專用使用權に準用する。

注三九　日本商標法第四條第二項所指之商標專用權，是指國家、地方公共團體、公益團體等非以營利爲目的之公益事業所申請之註册商標專用權，此等事業非以營利爲目的，故不在得設定獨占使用權之列。

注四〇　日本專利實施權亦分爲「獨占實施權」（專利法第七十七條）與「非獨占實施權」（專利法第七十八條）①專利法第七十七條第四項規定專利權之獨占實施權人，經專利權人之同意爲限，方得將其獨占實施權設定質權或同意他人爲非獨占實施權。其法條原文爲：專用實施權者は、特許權者の承諾を得た場合に限り、との專用實施權について質權を設定し、又は他人に通常實施權を許諾することができる。

　　　　此外，有關商標獨占使用權質權之設定、商標獨占使用權之放棄，有關事項登記之效力等規定，參照日本專利法第七十七條第五項、第九十七條第二項及第九十八條第一項第二款及第二項之規定。

注四一　日本商標法第三十一條原文爲：

1.商標權者は、との商標權について他人に通常使用權を許諾することができる。ただし、第四條第二項〔公益團體等の商標登錄出願〕に規定する商標登錄出願に係る商標權については、この限りでない。

2.通常使用權者は，設定行爲で定めた範圍內において、指定商品について登錄商標の使用をする權利で有する。

3.通常使用權は、商標權者（專用使用權についての通常使用權にあつは、商標權者及び專用使用權者）の承諾を得た場合及び相續その他の一般承繼の場合に限り、移轉することができる。

4.特許法第七十三條第一項（共有）、第九十四條第二項（質權の設定）、第九十七條第三項（放棄）並びに第九十九條第一項及び第三項（登錄の效果）の規定は、通常使用權に準用する。

注四二　同注三九。

注四三　非獨占使用私人得否就其使用權，再與他人設定非獨占使用權？日本商標法並無明文規定，依獨占使用權之規定（第三十條第四項）觀之，可認於經商標專用權人同意之條件下，得再爲非獨占使用權之設定。參照紋谷暢男編，商標法50講，頁一八三，昭和五十七年七月改訂版，有斐閣。

注四四　此之準用，是指有關專利法上非獨占實施權之共有，質權之設定、拋棄等有關事項登記之效力規定之準用，參照日本專利法第七十三條第一項、第九十四條第二項、第九十七條第三項及第九十九條第一項、第三項等規定。

注四五　日本商標法第二十五條爲有關商標專用權效力之規定，其原文爲：商標
　　　　權者は，指定商品について登錄商標の使用をする權利を專有する。た
　　　　だし、その商標權について專用使用權を設定したときは、專用使用權
　　　　者がえの登錄商標の使用をする權利を專有する範圍については、この
　　　　限りでない。

注四六　紋谷暢男，前引注四三，頁一二〇。

注四七　參照日本商標法第三十六條至第三十八條。

注四八　日本商標法第五十三條原文爲：

　　1.專用使用權者又は通常使用權者が指定商品又はこれに類似する商品
　　　についての登錄商標又はこれに類似する商標の使用であつて商品の
　　　品質の誤認又は他人の業務に係る商品と混同を生ずるものをした
　　　ときは、何人も、當該商標登錄を取り消すことについて審判を請求す
　　　ることができる。ただし、當該商標權者がそ事實を知らなかつた場
　　　合において、相當の注意をしていたときは、この限りでない。

　　2.當該商標權者であつた者又は專用使用權者若しくは通常使用權者で
　　　あつた者であつて前項に規定する使用でしたものは、同項の規定に
　　　より商標登錄を取り消すべき旨の審決が確定した日から五年が經過
　　　した後でなければ、その商標登錄に係る指定商品又はこれに類似す
　　　る商品について、その登錄商標又はこれに類似する商標についての
　　　商標登錄を受けることができない。

　　3.……。

第三章　修正前商標授權之規定及檢討

　　雖然現行商標法第二十六條已廢止過去嚴格審查之規定，改採登記對抗主義，惟如能先針對過去之規定有一通盤了解，適足以說明本次修法之背景，並比較現行規定是否已完全除弊興利。本章爰先就修正前商標授權之規定加以說明檢討，並介紹過去實務運作情形。

第一節　立法沿革

　　我國過去一直沒有商標制度，一般人僅依「老牌子」、「百年老店」或以往購買商品之印象選擇商品，由於一般消費者以此做爲識別商品之標記，故銷路好之品牌往往遭同業競相仿用，致消費者最終無法判別眞正欲購買之商品，而眞正老牌、有信譽之店家，雖因此等仿冒行爲致使銷路受損，亦無法有所主張，頂多只能在其商品上附加「謹防假冒」之字樣，或加強宣傳商品上之特殊標記，此外，則無任何保護之道。

　　至海禁解除，西方商品漸漸輸入我國，因貨物銷路推廣，乃於清光緒二十九年，由商部擬定「商標註冊試辦章程」，並於次年六月奉准施行。此爲我國首先以成文法型態出現之商標法。「商標註冊試辦章程」共有二十八條條文、細目二十三條，可認係目前商標制度之雛型，但並無關於商標授權制度之規定。

　　其後北京政府於民國十二年頒布商標法，共分本法四十四條及施行

細則三十七條。其中除第十七條前段規定，商標專用權得與其營業一併移轉於他人，並得隨使用該商標之商品分析移轉，及第十九條第一項第三款規定，商標權移轉後已滿一年，未經呈請註冊者，可構成撤銷商標權之事由外，亦無任何關於商標授權之規定。

民國十四年，國民政府亦在廣東頒布商標條例。共分法文四十條、施行細則三十條。其中第十三條規定，以商標專用權之移轉呈請註冊者，應附呈係與其營業一併移轉之證明證據，第十四條、第十五條及第十六條並規定商標移轉時所須準備之證明文件外，並無商標授權之規定。

民國十九年，國民政府公布商標法全文四十條及施行細則四十條；民國二十四年商標法第一次修正公布、民國二十九年增訂公布第三十七條，其間均僅規定商標專用權得與其營業一併移轉於他人，對於商標授權則尚無任何規定。

至民國四十七年十月二十四日，商標法第二次修正，其中第十一條第三項規定「商標專用權人，除移轉其商標外，不得授權他人使用其商標。但他人商品之製造係受商標專用權人之監督支配而能保持該商標商品之相同品質，並經商標主管機關核准者，不在此限。」第十六條第一項第四款規定，違反前述第十一條第三項之規定而授權他人使用商標，或知情他人違反授權使用條件而不加干涉者，構成撤銷商標專用權之原因。商標授權制度，至此方有正式明文之規定。

民國六十一年七月四日，商標法再次修正，其中商標授權列入第二十六條規定，條文內容除加入商標授權並須合於經濟部基於國家經濟發展需要所規定之條件，並增列第二項「商標授權之使用人，應於其商品上為商標授權之標示」之規定外，並無變更。七十二年一月二十六日、七十四年十一月二十九日、七十八年五月二十六日商標法修正時，有關商標授權之規定仍予援用，並未修正。直至八十二年十二月修正時，始為全盤之修正（注一）。

第二節　修正前商標授權使用之條件

　　修正前商標法第二十六條第一項規定「商標專用權人，除移轉其商標外，不得授權他人使用其商標。但他人商品之製造，係受商標專用權人之監督支配，而能保持該商標商品之相同品質，並合於經濟部基於國家經濟發展需要所規定之條件，經商標主管機關核准者，不在此限」但書之規定，即爲核准授權之依據。第二項規定,「商標授權之使用人，應於其商品上爲商標授權之標示」。此爲核准後被授權人應履行之事項，茲依本條之規定，分析商標專用權可依法授權使用之條件如後:

第一項　商標專用權人，除移轉其商標外，不得授權他人使用其商標

　　此爲原則性之規定，即原則上，商標專用權人除合於後述各項規定外，僅得依移轉之方式使他人使用其商標，而不得以授權方式爲之。按所謂商標專用權之移轉，乃指商標專用權之主體變更而言，例如某一商標之專用權由甲移轉給乙是。商標專用權移轉後，受讓人即取代原有專用權人即讓與人之地位，而爲眞正之專用權人。此與商標授權有別，在授權之情形，商標專用權仍屬授權人所有，被授權人僅取得商標之使用權而已。此項規定乃因修正前商標法第二十八條第一項規定，商標專用權之移轉，應與其營業一併爲之，故移轉後之商標所表彰之商品，其品質與移轉前之商品，可保持一致；又因商標專用權移轉後其專用權仍然只專屬一個產製主體（即受讓人），移轉後之商標仍然只有表彰一個商品來源，故不致影響消費者之利益。惟本次修法，則基於第二十八條第一項規定之「營業」一語語意不明，實務上不易審酌，徒增困擾，爰予刪除，乃修正現行商標法第二十八條爲：「商標專用權之移轉，應向商

標主管機關申請登記，未經登記者，不得對抗第三人。受讓人依前項規定申請商標專用權移轉登記時，仍應符合第二條之規定。」準此，商標專用權移轉，可不必與營業一併移轉。（注二）（注三）

按商標於授權後，同一商標所表彰之商品，即有可能來自不同之產製主體，而商標如第一章所述，兼具有表彰商品來源、品質保證及廣告三種作用，如果相同商標之商品係由不同之來源所提供，消費者將因之而有誤認、誤信、造成公眾混淆之虞，自非正常之商標制度所欲見者，從而一有商標制度之始，「商標授權」一向被排除於外。但因隨商業之繼續發展，有時商標專用權人限於資金、人力或其他經營上之因素，本身無力或不願自行開拓，常希望與他企業合作，達到發展營業之目的；又由於工商業之進步，國際貿易之發達，造成業者間普遍之需求，商標授權制度從此才獲得肯定，惟仍須符合一定之要件，否則可能造成商標專用權人失權之情形。故除移轉商標專用權外，商標之授權，以不准為原則，而以核准為例外之原因，即在於此，此為修正前商標法第二十六條第一項前段規定之立法意旨所在（注四）。

第二項　他人商品之製造，係受商標專用權人之監督支配而能保持該商標商品之相同品質

法條條文所指「他人商品之製造」，行政法院七十四年度判字第一五五八號判決曾指出此處所稱他人，係與同條項本文所指他人同其含義，亦即指商標專用權人之直接對象之人而言，並不包括該他人再委託承製之其他人在內。否則，所謂他人將無限擴張，導致商標專用權人無從監督支配。至監督之方式如何？監督支配至何種程度方符合標準？並無相關法令加以規定，一般而言，無論為派員到廠指導、提供原料、配方、檢驗商品制定產品標準等種種方式，只要實際上對於該商品之製造，具有實質上之支配即可。過去實務上，商標主管機關往往以商標權

人並未在國內設廠，或與國內公司並無投資或技術合作關係，對於使用
授權商標商品之製造，當然無法為監督支配以保持該商品之相同品質為
理由，而不准商標授權之申請（注五）。此種以商標權人有無在國內設
廠、有無技術合作或投資關係做為決定授權人是否可為商品之監督支配
之標準，並不妥當（注六）。

　　至所謂須能保持該商標商品之相同品質，是指被授權人使用授權商
標於其製造之商品上，該商品之品質必須與商標專用權人（即授權人）
所製造之商品，保持同一水準以上之品質而言，此規定之宗旨在於發揮
商標表彰商品品質之功能，顧及專用權人之商品聲譽並保護消費大眾之
利益。而所謂商品之相同品質，則因各商品性質之不同而千差萬別，不
可能為其訂定一統一之標準。以汽車為例，所謂相同之品質，究係指外
型相同，抑係指汽缸容量，或係引擎之構造相同？或為指該汽車之全部
構造及其構成之各部分器材材料之品質相同？又如化粧商品所謂之品質
相同，究係指其處方相同、材料相同、包裝相同，抑係包括上述各項及
其氣味、色澤皆須相同？而食品、農產品及畜產品等商品，其所謂之
相同品質，標準尤難認定。即令是工業產品，亦因其生產之數量龐大，
原料之來源不一，而難保其自始至終均能保持商品品質之完全一致。因
之，本條規定所謂之「保持該商品之相同品質」，認定上應依據商標法
之立法精神加以解釋。亦即，按照各種商品之特有性質，如其主要之部
分相同者，或其品質差異之程度尚不致損害及消費者之利益者，即得認
為已保持相同之品質。否則，既不分該商品之構成為複雜或單純，亦不
問其為單一物、組合物、結合物或化合物，更不問其為農產品、工業產
品、工藝品或化學品，一概均須其全部之成分構造完全相同者，始認為
其品質相同，則商標授權使用之規定，非但不能發揮其對工商發展之功
能，且將演變成撤銷商標專用權之陷阱，徒增紛擾（注七）。

第三項 符合經濟部基於國家經濟發展需要所規 定之條件

此爲民國六十一年商標法修正時所增加之規定。以下茲就過去實務上審理之案例及主管機關對於商標授權所作之命令，作一介紹，俾從其中瞭解本規定之具體內容。

按註冊商標授權他人使用之型態，可有下述四種，即：

1. 中國人註冊之商標，授權中國人使用。
2. 中國人註冊之商標，授權外國人使用。
3. 外國人在中國註冊之商標，授權另一外國人使用。
4. 外國人在中國註冊之商標，授權中國人使用。

上述四種授權型態，除第四種型態是外國商標商品打入本國市場，與我國經濟發展有關外，其餘三種型態與我國之經濟發展較無關係，因此商標主管機關對於此三類型之商標授權，只要雙方訂有授權契約，載明彼此間有監督支配關係，並能保持商標商品之相同品質等書面記載，均予核准，而不問實際上授權人對於被授權人商品之製造，有無加以監督支配，被授權人之商品實際上是否能保持與原商品相同之品質。至第四種類型，即外國人在中國註冊之商標授權給中國人使用之情形，因其與我國工商發展有密切關係，通常採取較嚴格之核准條件，過去實務上商標主管機關多依經濟部臺（五二）商字第一二七二四號令：「外商商標使用之商品，其品質確屬優良，爲國內所需要，可促進工業進步或拓展外銷者，其商標始准授權他人使用」，做爲審核授權使用案件之準據（注八）。依此號令，主管機關常以外商商標授權使用之商品，國內已有類似商品或供給已充分，非爲國內所需要，或不足以促進工商進步、拓展外銷爲理由，而駁回其商標授權之申請。此種以法條本文並未規定之行政命令做爲商標授權准駁依據之做法，曾引起廣泛之爭議（注九），

因而六十一年修正商標法時，增列本項「須符於經濟部基於國家經濟發展需要所規定之條件」，使之有法律依據，以杜絕爭議（注一〇）。六十九年商標法修正草案初稿中更決定將本項規定另於施行細則明定，以進一步確定該號令之法律地位。由此可見當時我國對商標授權之限制之堅定政策與嚴格條件。

　　正因爲我國對商標授權採取嚴格之限制，因而即令業經主管機關核准技術合作或外人投資之廠商，依法申請商標授權時，亦常遭商標主管機關依前述經濟部臺(五二)商字第一二七二四號令不准許商標授權（注一一），此引起外商極爲不滿，蓋以外商之立場而言，主管機關經濟部既已核准技術合作、投資在先，而對商標授權同一合作人使用又不予核准，則該部分之技術合作即無法進行，顯與核准技術合作之原則相違背，且對於同一商品既經核准技術合作，而於技術合作有效期內，又認定該同一商品並無特殊需要，不准將商標授權合作人使用，豈非自相矛盾！雖然依技術合作條例第三條規定，關於技術合作，固不包括商標授權在內，惟依雙方所訂之合約自含一方同意供給他方商品之處方、製法與技術等等，而關於技術合作之核准，依照技術合作條例第四條之規定（注一二），必須以國內需要爲前提，故主管機關於核准技術合作時，對於是否合乎國內需要一點，應即曾予考慮及認可，對技術合作核准在先，而對授權與同一合作人使用同一商品之商標權卻認無需要而予以核駁，未免兩歧而令人無法適從。爲此，行政院於民國五十九年頒定行政院臺（五九）經字第七八一四號令，對於外人投資案之商標授權，凡符合其規定之外人投資或技術合作之情形，即應予以核准，其他普通授權案件，則仍依經濟部授權補充規定（即前揭經濟部臺（五二）商字第一二七二四號令及臺（五八）商字第〇六一五七號令）辦理（注一三）。至此，外商投資或技術合作之情形，其商標授權，有較明確之準據，但仍有外商投資而不准授權之案例（注一四）。又因外國人在中國註冊之商

標授權中國人使用，由於牽涉到本國廠商使用外國商標，致商標主管機關依往例均採從嚴審核之態度，過去實務上受理之申請案，係依經濟部所公告之「外國事業商標授權處理準則」辦理，惟因其規定頗為嚴格，實務上執行不易，經濟部業以八十二年七月三十日經（八二）中標字第○八七六九四號令公告廢止，不再援用（注一五）。

第四項　經商標主管機關核准

商標授權使用之另一條件為須經主管機關核准，故雖已具備前述各項條件但未經主管機關核准者，仍不得授權他人使用，違之依修正前商標法第三十一條第一項第四款之規定，構成商標專用權被撤銷之法定事由（注一六），本段規定，依立法原意及立法技術觀之，應係承受上文而來，但是依據行政法院五十八年度判字第一○八號判例謂：「註冊商標之授權他人使用，其能保持商標商品之品質相同者，僅係構成得為商標授權申請之基本條件，並非謂商標主管機關即應以此為核准之準則，而無其他衡量之餘地……」，因此我國商標主管機關除依商標法第二十六條第一項前段規定之標準外，就核准與否仍享有廣泛之自由裁量權，前揭所引各項行政命令，亦僅為其核准與否之參考而已，由是觀之，我國當時商標授權使用制度係採非常嚴格之核准主義無疑（注一七）。

第五項　於商品上為商標授權之標示

商標授權之使用人，應於其商品上為商標授權之標示（修正前商標法第二十六條第二項），此項規定係於民國六十一年所增訂，四十七年修正之商標法並無如此規定，惟為免發生誤認，經濟部令應標示。商標授權之使用人，其所製造之商品，雖係在商標專用權人之監督支配之下，並須保持該商標商品相同之品質，但該商品在事實上實非商標專用權人自己所生產、製造而成，為防止不公平之競爭及保障消費者之利益起

見，商標法乃規定商標授權之使用人，應於其授權商品上爲商標授權之
標示，至於標示之方法，有關法令尙無統一完整之規則可尋。經濟部經
臺（五〇）商字第〇一三六八號令指出，被授權人使用商標之商品包裝
及標示，應標明授權者與被授權者雙方之廠商名稱等（注一八），如違
反此項規定，而且該項商品爲屬於應施檢驗之商品者，即應依照商品檢
驗法辦理（注一九）。如授權人與被授權人均爲外國人，且商品亦在外
國製造時，依經濟部經臺（五〇）商字第九六八四號令之補充規定，於
輸入我國銷售時，應由輸入人在銷售前，以中文標明商標授權使用之雙
方廠商名稱及實際製造地（注二〇）。又民國六十年經臺（六〇）商字
第一六九五四號令通知謂事實上未在我國製造者，可不標示在中華民國
製造字樣（注二一）。

　　依據前述各項規定，關於商標授權使用時之標示方法，可歸納如下
（注二二）：

1. 應標明授權者與被授權者雙方廠商名稱及其所在地（注二三）。
2. 外國廠商商品外銷者，可不硬性規定，依此反對解釋，如爲內
   銷商品，即必須標明。
3. 商品輸入我國銷售者，應由輸入人在銷售前，以中文標明商標
   授權使用之雙方廠商名稱及實際製造地。

第六項　授權核准之撤銷

　　商標之授權使用，係專用權人與被授權人間所訂使用商標之契約，
在本質上，爲民法上之契約關係，故民法上有關契約之規定，亦可適
用。是商標授權契約可因解除契約、期限屆滿、條件成就、雙方當事人
合意終止而消滅。又當事人之一方，如有違約情事，他方除請求損害賠
償外，並得解除契約（民法第二百六十條），凡此種種，皆構成授權使
用契約消滅之原因。

　　除此之外，因商標授權除係雙方當事人間所訂之私契約外，同時亦影響一般消費大眾權益甚鉅，故商標法就違反授權規定者，亦有特別之規定，即在一定情事下，賦予主管機關撤銷授權核准之權限，其情節重大者，甚至得撤銷商標專用權。修正前商標法第二十七條及第三十一條第一項第四款，即分別爲撤銷商標授權核准及撤銷商標專用權之規定。茲將此二條規定之內容、其效力及區別敍明如後（注二四）。

（一）經核准授權使用之商標，於使用時違反授權使用條件者（修正前商標法第二十七條）

　　前述一、他人商品之製造係受商標專用權人之監督支配，二、保持商標商品之相同品質，三、合於經濟部基於國家經濟發展需要所規定之條件，四、經商標主管機關核准，五、在商品上爲商標授權之標示等各條件，除四、須經商標主管機關核准係於授權成立之時即須具備，爲商標授權之成立要件外，其餘商品之監督支配、保持商品之相同品質、合於國家經濟發展之條件、及在商品上爲商標授權之標示等各項，不僅是商標授權之成立要件，更且爲商標授權之存續要件。詳言之，經主管機關核准之商標授權，於授權使用期間內，仍須繼續不斷符合各該條件，否則，即令係業經核准之商標授權，仍有被撤銷之虞。

　　詳言之，經核准授權使用之商標，於使用時如有左列情形之一者，即構成法定撤銷核准之原因。

1. 被授權人商品之製造，未受專用權人之監督支配。

2. 被授權人之商品未與專用權人之商品保持相同之品質。

3. 原雖合於國家經濟發展需要之條件，但日後變不符合。例如依外國人投資條例申請在我國境內投資，其投資比率曾佔百分之二十以上，後變成低於百分之二十、技術合作撤銷、投資及技術合作產品變更爲非原來核准授權之項目、原核准爲外銷之商品變成內銷商品及技術合作期滿等均爲適例（注二五）。

　　經撤銷授權核准之商標，其專用權仍屬商標權人所有，被授權人於撤銷後，不得再繼續使用該商標，否則即構成侵害他人商標專用權，此自不待言。

　　(二) 未經主管機關核准而授權他人使用，或明知他人違反授權使用條件而不加干涉者（修正前商標法第三十一條第一項第四款）

　　前述違反授權使用條件而撤銷者，爲經核准之商標授權，而本款所規範者，則指未經商標主管機關核准，而私自授權他人使用商標之情形而言。本款之設，旨在防止商標專用權人未經主管機關核准，擅自以授權契約同意他人使用其商標，致影響公益，其所撤銷者，爲商標專用權。故如爲已經商標主管機關核准授權使用後而使用時有違反修正前第二十六條規定者，僅得依第二十七條之規定，撤銷授權之核准，而非適用本款規定撤銷商標專用權。至所謂明知，係指在客觀事實上，專用權人知悉他人有違反授權使用條件而不加干涉而言，至其主觀上係有意或無意不加干涉，則在所不向，又「明知」之有無，其由主管機關依職權提出撤銷者，舉證責任在主管機關，其由利害關係人申請撤銷者，舉證責任在該提出申請之利害關係人（注二六）。　適用本款規定時，應注意分辨下列事項：第一，商標經核准授權使用後，專用權人明知商標授權使用人違反第二十六條所定之各項使用條件（指受商標專用權人之監督支配、保持該商標商品之相同品質，於商品上爲商標授權之標示、合於經濟部基於國家經濟發展需要所規定之條件等）而不加干涉者，適用本款之規定，自無問題。第二，如該商標並未經核准授權他人使用，其專用權人明知他人使用其商標而不加干涉者，是否亦得適用本規定，而撤銷其商標專用權？或謂依據本款前段規定，對於違反修正前第二十六條規定，而授權他人使用其商標者，應撤銷其商標專用權，至明知他人未經核准授權使用而仍使用其商標，而不加干涉者，乃是具有間接之故意，

亦應將其商標專用權撤銷，以懲其怠忽，並防止私自授權之弊端。此種
理論，乍看似乎言之成理，惟法律既明文規定為「違反授權使用條件」，
自不應將不依規定申請授權使用之情形包括在內，且條文稱「明知違反
授權使用條件」，就文字分析而言，亦為指已經核准授權使用而違反其
授權使用之條件而言，因如為未經核准授權使用者，自無所謂授權使用
之條件可言。況且，他人未經商標專用權人之授權而逕行使用其註冊商
標者，商標專用權人在實際上乃為受害人！ 豈可以其明知而不加干涉，
即行撤銷其商標專用權（注二七）？ 且商標侵害屬公訴之罪，如有仿冒
情事，應屬檢察官依職權調查之事項，商標法並未規定專用權人有必須
主張其商標專用權之義務，故僅以明知他人有使用商標情事即撤銷商標
專用權，有欠公允。

第三節　修正前商標授權規定之檢討

第一項　授權型態限於商品之「製造」並不周延

修正前商標法第二條原係規定：「凡因表彰自己所生產、製造、加
工、揀選、批售或經紀之商品，欲專用商標權者，應依本法申請註册。」
（注二八）依此規定，商標所表彰之商品，只限於一定之營業，即須為
生產、製造、加工、揀選、批售或經紀等特定營業之商品（注二九）。
惟所謂「生產」、「製造」在文義上似乎無法予以嚴格區分，日本在舊
商標法之規定中，亦有使用「生產」、「製造」之用語者，學者為區別
其間之不同，遂謂：「所謂生產，是指原始產業，即農業、鑛業、水產
業等；所謂製造，是指由材料而製成新物品，如機械、化學品。」惟此
種區別，實係因應法條之規定而做成之解釋，並無區分之實益，因之日
本現行法已改用「生產」一詞兼指二者（注三〇）。我國學者亦有區分

生產、製造之定義者，如李茂堂氏謂：「生產，依經濟學之意義，乃指創造效用或增加財富之效用而言，即變更物之性質、型態或位置，以使其適合於滿足人類之慾。如依其進行之方法而論，則生產可以說是土地、勞力、資本及企業組織等生產因素的結合。製造，係對於原料或粗製品，加以人工變更其型態，而使之成為精製品之過程。」（注三一）此外，「加工」，係對於半成品或元件、組件、加人工及配件使之成為成品；「揀選」，指於眾多商品中，加以揀別選擇；「批售」，指批發而言，即整批之買賣；「經紀」，在商業上，係指經手辦理商務者，即民法上所稱之行紀，指以自己之名義，為他人之計算，為動產之買賣或其他商業上交易而受報酬之營業（民法第五百七十六條）（注三二）。申請商標註冊所表彰之商品，必須屬於上述事業所處理者始可，亦即欲專用商標者，必須以前述事業為業——在一定之目的下（為表彰自己所生產、製造、加工、揀選、批售或經紀之商品）所為繼續反覆之行為始可（注三三）。

　　欲專用商標者，不問是為表彰自己所生產、製造、加工、揀選或經紀之商品，皆得依法申請註冊之，固無疑問，然欲使用他人之商標、申請商標授權之註冊者，因商標法第二十六條僅規定商品之製造一種，故依條文文字之形式解釋之，其餘生產、加工、揀選、批售或經紀之商品，則不在得授權之範圍（注三四）。此種規定，顯有疏漏。一、如前所述，何謂「生產」、何謂「製造」，在文義上固無法嚴格區分，但當時法條條文即將生產、製造二種並列，復於第二十六條規定授權之型態以商品之「製造」一種為限，則於區分何者為生產、何者為製造，即有必要，惟卻無法可資遵循。即令如學者所云，「生產」，依經濟學之意義，乃指創造效用或增加財富而言，即變更物之性質、型態或位置，以使其適合於滿足人類之慾望，如依其進行之方法而論，則生產可以說是土地、勞力、資本及企業組織等生產因素的結合；而「製造」，係對於

原料或粗製品，加以人工變更其型態，而使之成為精製品之過程，依此解釋之結果，不論屬生產之變更物質之性質或製造之精製原料之過程，其裝配之技術、使用之原料、配方、組件，皆與商品之品質攸關，則何以製造時可為商標授權？而生產則不可？其理論根據安在？二、在揀選、批售或經紀商品時，如係附有商標之既成品之銷售，其商標乃繼續表彰商標權人之同一商品，並未對商品之成分或品質有所改變，此等商標之使用，乃具有商標權人之默示許可，固無另為商標授權之必要（注三五），但如對於半成品或元件、組件、加人工及配件使之成為成品，或將原料加以稀釋、分裝，因商品之性質業已改變，已非單純之販賣行為，此等加工行為，與商品之品質不無相關，授權人與被授權人間之關係更為密切（尚有原料供給關係），似無不許授權商標使用之理。三、由於法條明文規定商標授權以他人商品之「製造」為限，故實務上於審核商標授權申請時，亦曾要求被授權人本身必須有製造商品之能力。行政法院七十四年度判字第一五五八號判決略謂：「……原告檢送之商標授權使用合約書，雖載明被授權人於商品製造過程應受其監督支配，並保證與其商品保持相同品質云云，惟被授權人嘉萌貿易有限公司及嘉果貿易有限公司之公司執照所載營業範圍並不包括商品之製造，須委由衛星工廠製造商品，核與授權使用條不合。……至所稱被授權人可藉委託衛星工廠產製，間接達到製造目的，而原告為保信譽之不墜，勢必戮力監督云云，既與同條項之立法精神有違，殊非可採……」。此外，主管機關於審理商標授權申請時，在程序上即要求被授權人須檢附被授權人之工廠執照等證明文件。此種要求，顯無必要？蓋法律之所以規定他人商品之製造，須受商標專用權人之監督支配，無非課以授權人品質管制之義務，以期被授權人之商品與商標專用權人之商品保持相同之品質，使消費者不致因不同之商品來源而購得不同品質之商品。詳言之，被授權人所完成之商標商品品質，如受商標專用權人之監督支配，且保持相

同，即符合該條規定商標專用權人須爲監督支配之立法意旨，初不以被授權人本身須有工廠，或其公司執照所載營業項目是否有商品之製造爲限（注三六）。 前述行政法院七十四年度判字第一五五八號判決所持之見解及實務上之要求，無非係因依據當時商標法第二十六條第一項之文意規定爲嚴格解釋之結果。可見，局限商標授權之型態於他人商品之製造之規定，在立法上，有其缺失，且造成業者之困擾（注三七）。

第二項　「受商標專用權人之監督支配，而能保持該商標商品之相同品質」不應列爲核准商標授權之審核條件

商標專用權人本得自行決定其商品品質之優劣，或由自己製造，或委託他人製造，皆非所問。惟其商品一旦行銷市面，消費者已有一定之信賴，則於將商標授權他人使用後，即有義務對消費者保證其商品品質之一致性，否則相同商標之商品若有不同之品質，消費者必產生誤信、誤認，故商標授權後，授權使用人須受商標專用權人之監督支配，而其商標商品須保持相同品質，確有必要。

至於保持相同品質之時點，應係在授權申請時？抑或核准之後？過去實務上係採取前者，以他人之製造能否保持該商品之品質，須該他人於申請授權前， 已有自製同一商品而後始堪認定（注三八）。 然商標授權，通常件有其他契約， 如技術秘訣（Know How）、 專利實施權、技術合作等是， 在授權申請獲核准前， 授權人尚不願透露其技術之秘密、被授權人自難以生產製造相同品質之產品（也許被授權人如能製造品質相同之商品，即無訂立商標授權契約之必要），正因被授權人原來生產製造之商品品質較差，或根本無製造之技術擬藉商標授權以吸取授權人之技術而達到提高品質之目的，從而保持相同品質之重點應在於商標專用權人於授權核准後，在其監督支配下，能否使被授權人完成之商

品，達到一定水準之品質，故主管機關應可不必苛求被授權人於授權申請時，須有自製同一商品品質之能力，蓋申請時，只須要求授權當事人間確有監督支配關係，用願意遵守品質保證之條件即可，至是否真能履行此等規定，仍有待主管事後嚴格之審查，初不以事前審查為必要。

關於授權他人使用商標，應保持該商標商品之相同品質一點，經濟部曾以經臺（五〇）商字第一三六八號令飭中央標準局：商標主管機關為監督授權使用商標之商品品質，得於核准授權之時，命申請人檢送其品質資料及樣本存局，以為日後查驗核對之準則，藉免疑竇與紛擾，此一命令，既不便民，且徒增行政業務之困擾，實無必要（注三九）。

第三項 「合於經濟部基於國家經濟發展需要所規定之條件」並不符合時宜

過去商標法對商標授權之規定，除須符合專用權人必須監督商品之製造、授權商品須與原商標商品保持同一水準之品質、經主管機關核准之條件外，尚須合乎經濟部基於國家經濟發展需要所規定之條件，此為商標授權諸要件中，最引起爭議者（注四〇）。此項規定之立法理由，係以吸收外人投資、輸入外國技術，以提升我國工業水準為目的，但實務運作結果，不但對吸引外資有所妨礙，也阻礙了工業技術水準之提升，過去經濟部曾逐漸傾向採「從寬」之原則，並且為了規範最有爭執、且影響最大之商標授權類型——外國人在中國註冊之商標授權中國人使用，特別在民國六十八年訂定「外國事業商標授權處理準則」（已廢止）（注四一），將授權條件明確化，亦即在直接投資的關係，外國事業依外國人投資條例申請核准在我國境內投資設立事業，其投資額占該投資事業資本總額百分之二十以上，其在我國註冊之商標所使用之商品如屬投資產品範圍以內者，經中央標準局核准，得授權該投資事業使用（準則第二條）；在間接投資關係，外國事業雖未依照外國人投資條

例申請核准在我國境內投資設立事業，惟其母公司或所屬之子公司之投資額，占該投資事業資本總額百分之二十以上，該外國事業在我國註冊之商標，經中央標準局核准後，得授權其母公司或所屬之子公司所投資之我國事業，使用於投資範圍內之產品（準則第三條）；在技術合作的關係，依技術合作條例核准之技術合作案件，該外國事業在我國註冊之商標，得經中央標準局核准授權我國合作人使用，授權使用之產品係指技術合作之產品，授權期間以技術合作期間為限（準則第四條）。除此之外，無投資關係或技術合作關係之授權，如該商標所指定使用之商品品質確實優良，具有國際市場，且該商標之專用權人能監督支配我國事業生產同類商品，保持與該商標商品相同品質者，經中央標準局核准，得授權我國廠商使用（準則第五條），此為概括性之規定。一般而言，授權當事人間如有投資關係或技術合作關係，其申請大多可獲核准，如無投資、合作關係，雖可依準則第五條之規定申請，但中央標準局之審核尺度較嚴，即尚須認定授權商標是否品質優良（通常係以商標是否已為人所熟知加以判斷），是否具有國際市場。

雖然，「外國事業商標授權處理準則」之審核較以往採較寬鬆之尺度，但畢竟外商與我國廠商間未具投資或技術合作關係但有授權使用商標必要者甚多，而準則第五條之規定，不似第二、三、四條明確，故仍無法輕易獲准授權申請。因此之故，為規避嚴格之商標授權要件，外商遂有以各種規避及取巧方式以達到商標授權之目的者，其中常見之類型，約有以下數種（注四二）：

（一）由外商設立臺灣分公司，而由分公司委託其他臺灣廠商製造，再以該外商所有之商標在臺行銷。

例如旁氏冷霜（Pond's cold cream）商標是美國旁氏公司享有之商標專用權，但是該公司並未經核准商標授權，而只是委由南僑化工公司製造後，再由該美商臺灣分公司在臺以「旁氏」（Pond's）商標出

售。又如美商 Wrigley 公司擁有箭牌口香糖（Arrow及 Doublemint）之商標專用權，委託臺灣留蘭香有限公司製造，而由美商 Wrigley 公司臺灣分公司在臺銷售。

（二）外商公司不以分公司名義負責行銷，而卻以「臺灣地區總代理」或「中華民國總代理」負責實際上之銷售。

例如耐吉運動鞋（NIKE）之「耐吉」商標屬於耐吉公司所有，而其臺灣分公司並未自行生產，只負責下單採購、監督，至生產事宜則委由我國廠商負責，但是在臺灣之行銷策略上，卻僅由「中華民國總代理」耐吉企業公司出面，由總代理負責銷售，以加深消費者對該品牌是舶來品之印象。

（三）外商公司並不直接在臺灣申請商標註冊，而由臺灣廠商在其授意下，登記為商標專用權人。

例如衛得浣濕巾（Wet-Ones）原係美商溫莎大藥廠所產製，但在臺灣溫莎大藥廠並未申請註冊此商標，反而由施得齡股份有限公司生產並註冊，而取得商標專用權，但於市面上所銷售之 Wet-Ones 包裝上，卻又並列「施得齡股份有限公司」及「美商溫莎大藥廠臺灣分公司」等說明，不但達到銷售目的，且以外國名牌自居，規避了商標授權。

（四）先設立臺灣分公司，再設法由臺灣分公司引進總公司本身之商標，總公司向其他外商取得授權之商標以及總公司之關係企業所有之商標等。

依此，常造成一家分公司之商品擁有多種外國名牌之情形。例如美商必治妥公司（Bristol Myers Overseas Co.）臺灣分公司，即利用此方式大量將其產品引入國內市場，如免你洗（Mr. Muscle Vanish）、穩潔（Windex）、可麗柔（Clairol）、通樂（Drano）等商標，均由美商必治妥公司臺灣分公司所引進。

分析上述規避商標授權之規定而採「私相授受」之情形，其原因不

外乎兩點，即（一）商標授權核准與否，不易確定，有時中央標準局尚
須邀請經濟部技監室、商業司、工業局、國貿局、投資處及投審會主管
人員會商同意後，再依職權處理，程序過於繁複。（二）有些外商自知
不具備商標授權條件，根本不可能獲得核准，若想在臺灣產銷其商標商
品，只有採取規避商標授權一途。按商標法規定商標授權須符合經濟發
展政策，其目的原是爲吸引投資、引進技術、促進外銷、賺取外匯，但
如此嚴格規定之結果，反而阻遏外商投資之意願，尤其雖具有投資關
係，但仍未核准授權，無異令其抽回投資，反而無法達成藉商標授權使
用達成引進技術、吸引投資之目的。其實，註冊商標之授權他人使用，
乃是商標專用權之擴張，其功能對於促進經濟繁榮及工商業之發展，極
具功效，尤其尚在經濟開發中之國家，因爲其工商企業及貿易機構等之
規模與財力尚難與已開發之國家相比，對於其商品廣告及銷售之能力等
皆極有限，其工業及科學技術等，端賴已開發國家之支援及協助，故對
於外國，尤其是已開發國家之投資及技術，乃至感需要。因之，商標授
權使用制度，在此種情況下，更易於發揮功能。商標授權常以當事人間
訂有技術合作、投資關係或技術移轉契約爲前提，授權使用之結果，必
使被授權人獲得更進步之技術，此乃不待法律規定之必然結果。商標法
將期待經濟發展、促進工業進步之政策明文規定於商標授權之法文上，
使之成爲商標授權之成立要件，在實務上易滋爭端，確無必要，且不合
時宜。

第四項　商標授權使用標示之規定過於簡略

　　商標之主要功能之一，爲表彰商品之來源，商標專用權人與授權使
用人既爲不同之主體，其所生產之商品，自屬有不同之來源，應爲授權
之標示。故商標授權他人使用之標示，乃是便於使購買人識別使用同一
商標之商品，何者爲原廠之產品，何者爲被授權使用人所製造之商品之

唯一方法，必須嚴格徹底執行，否則對於商標制度之功能，將產生重大不良影響。修正前商標法對於如此重大之問題僅於第二十六條第二項，原則上規定商標授權之使用人，應於其商品上為商標授權之標示。及於第二十七條規定，經核准授權使用之商標，如使用時違反前條之規定者，商標主管機關應依職權或據利害關係人之申請，撤銷授權之核准。而對於商標授權使用標示之方法，諸如授權事項應否標示於商品或其包裝或容器之上、如僅於廣告上標示或說明，在商品上並無標示者，是否合於立法之精神；標示是否僅限於使用文字為之，使用文字時，其為外國人授權中國人使用或外國人授權外國人使用者，是否應用中文標示、授權使用商標之標示文字是否應標明於該商品或其包裝或容器上明顯之處、以及不依規定為商標授權使用之標示者，或僅使用外國文字標示，或僅係標示於其商品或包裝或容器之不明顯之處，或僅於廣告時始加標示，或不用文字標示，而僅標明授權使用之商標及自己之商標……等等情形，得否認為違反標示規定，而撤銷其授權使用商標之核准？或是進而依第三十一條規定撤銷其商標專用權？上述種種問題，有關法令對之皆無規定，致使無所遵循，而商標主管機關於處理具體案件時，亦缺乏明確而有力之依據。故關於商標之授權他人使用之標示問題，亟須有明確之規定。

第五項　商標授權後可否為複授權未有明文規定

商標之複授權乃指被授權人不脫離其與授權人之授權關係，而將該商標授權於次被授權人之謂。例如甲為A商標之專用權人，授權乙使用，乙將A商標再授權丙使用是。商標得否複授權，法無明定（注四三）。行政法院民國七十四年度判字第一五五八號判決曾指出：（修正前）商標法第二十六條第一項但書所稱「他人」，係與同條項本文所指「他人」同其含義，亦即指商標專用權人之直接對象之「人」而言，並

不包括該「他人」再委託承製之其他人在內，否則，所謂「他人」將無限擴張，導致商標專用權人無從監督支配，顯非該條項但書立法之本旨，不容任意曲解。至所稱被授權人可藉委託衛星工廠產製，間接達到製造目的，而爲原告爲保信譽之不墜勢必戮力監督云云，既與同條項之立法精神有違，殊非可採……。雖然，此項判決最主要在要求商標授權人本身須有製造商品之能力而未及於商標複授權之問題，但由其解釋商標法第二十六條所稱之「他人」是指授權人之直接對象之人而言，不包括該「他人」再委託承製之其他人觀之，似乎對於商標複授權採否定之看法，蓋以複授權之結果，將使第二十六條所稱之「他人」無限擴張，導致商標專用權人無從爲監督支配故也。

　　關於商標複授權之問題，固有謂目前生產事業之型態與技術，日益複雜與精密，一件精密之商品，常須高級技術之供應與支持，因之，被授權人往往僅製造商品之主件與重要配件及整件商品之組成等工作，而其副件、零件必須委託衛星工廠代製，在此情形，商標專用權人無法監督支配衛星廠商代製，反而應由被授權人監督衛星廠，較符合監督支配之責任。此種事實，不論中外，早已存在，譬如我國籌組中之大汽車廠與外商合作，被授權使用該外商之註冊商標，將來大汽車廠成立後，需要衛星工廠接受委託製造汽車所需配件者甚多，足見爲配合目前日益增多之合作生產方式，而認商標複授權，有其必要者，惟查修正前商標法第二十六條既明文規定「商標專用權人」，除移轉其商標外，不得授權他人使用其商標，例外僅於符合但書所規定之情況下，方得授權他人使用。可見得爲商標授權之人，應限於商標專用權人，而不及於被授權人再授權他人使用之情形，簡言之，該條所定專用權人與被授權人間應爲直接關係，而非間接關係。若不爲此限制之解釋，則商標專用權人監督支配之責任無法掌握，將有違立法之本意。前述精密品之製造，如衛星工廠僅代爲加工零件、配件，而由被授權人製成成品，因使用商標者仍

爲被授權人，與衛星工廠無關，應無複授權之問題。如零件、配件須使用商標，則可由商標專用權人直接授權，似無複授權之必要。

綜上所述，爲避免商標被授權人無限擴張，導致商標專用權人無從確實爲監督支配，商標之複授權，應不予允許。前揭行政法院七十四年度判字第一五五八號判決意旨，應屬可採。惟權利之複授權係屬私權事項，如政策上認商標不可複授權，應循立法明定之方式規範之，以資明確，修正前商標法對此問題並未規定，似有疏漏。

第六項　商標授權後被授權人之使用可否視爲商標專用權人之使用，未明確規範

商標專用權，「於註册後並無正當事由，迄未使用或繼續停止使用，已滿二年者」，商標主管機關得依職權或利害關係人之申請撤銷之，此爲修正前商標法第三十一條第一項第二款所明定（注四四），且依修正前第二十五條之一規定，申請延展註册前二年內，無正當事由未使用者，不准延展註册（注四五）。故商標專用權人於授權他人使用其商標後，是否必須繼續使用其商標？此關係商標專用權人之權益甚鉅，不可不察。商標之授權他人使用，必須符合嚴格之要件，始能奉主管機關核准，且被授權人須受商標專用權人之監督支配，保持該商標商品之相同品質，故被授權人之使用與商標專用權人之使用，實質上並無二致（注四六）。經濟部中央標準局前於研究商標法草案時，已有見及此，故民國六十九年商標法修正草案初稿，曾擬於第二十六條增訂「商標經核准授權他人使用，該他人之使用視爲商標專用權人之使用」，嗣因遭刪除，致時生疑義。就此問題，我國實務上先則持肯定見解，認商標專用權人於授權他人使用其商標後，仍須繼續使用其商標，始可監督、支配他人商品之製造，保持與自己同一之商品品質，若於依法授權他人使用後，自己即停止使用，仍應受修正前第三十一條第一項第二款之規範

（注四七），　嗣則改持否定見解，　認所稱「未使用」或「繼續停止使用」，係指有使用權之人（包括商標專用權人及商標授權之使用人）均未使用或繼續停止使用商標而言（注四八），　故商標授權使用人如有使用，商標專用權即無被撤銷之虞。

認持肯定見解者，　皆著眼於授權後，　如授權人自己不使用該一商標，即不能達到「保持該商品之相同品質」或「據以監督支配被授權人商品之品質」之要件，此種看法，實係對「保持商品相同品質」做過分僵化之解釋所致。如前款所述，法文所定之「保持該商品之相同品質」，並非指將商品加以一一比對，品質必須完全相同而言，其真義乃指二商品具有同一水準之品質。簡言之，被授權人所製之商品，如符合授權人所定之一定水準以上之品質，即可謂符合商標法之規定，初不以授權人必須始終繼續使用其商標，方可據以監督支配以保持相同品質為要件。而且，商標專用權人或許基於某種原因，暫時不擬使用其商標但又不願拋棄之，故將之授權他人使用，惟本身仍有監督支配被授權人完成之商品之能力，此種情形被授權人之使用有如授權人之使用，消費者亦無受欺罔之虞，嚴格要求授權人必須繼續使用其商標，似無必要。

再者，商標授權，原可分為獨占使用權及非獨占使用權（日本商標法第三十條、第三十一條參照），其中獨占使用權，因係獨占性、排他性之權利，故即令商標專用權人本身，於獨占使用權設定之範圍內，亦不得使用其商標（日本商標法第二十五條但書）。我國商標法雖未如日本商標法將商標授權分為獨占使用權及非獨占使用權，但如當事人間訂立獨占使用權契約，基於契約自由之原則，似無禁止之必要。依獨占使用契約，商標專用權人不得再使用其商標，只須為品質之管制，以保持其商譽即可。（注四九），凡此種種，商標專用權人或基於營業計劃，或基於契約限制而未使用其商標，與商標法第三十一條第一項第二款之立法意旨，或在處罰商標專用權人怠於行使權利、久未發揮商標表彰商品

之功能，或在處罰申請人無使用意圖而濫行註冊，爲避免因此妨礙他人使用商標，故予主管機關或利害關係人申請撤銷之本意有別。商標授權他人使用乃商標專用權之擴張，被授權人仍使用該商標於商品上，並未失去其表彰商品之功能，且授權人必須對被授權人完成之商品爲品質管制，使之保持同一水準之品質，與無正當事由而未使用其商標之情形顯然有別，如因此而撤銷其商標專用權，顯屬過苛，故以否定說爲當。惟此問題涉及商標專用權之撤銷，爲明確計，仍應循修法途徑解決。本次修法已明定採否定見解，於商標法第二十五條第二款及第三十一條第一項第二款均明定商標授權之使用人有使用商標者，仍可申請商標延展註冊且不構成「迄未使用」或「繼續停止使用」，堪稱進步、正確之立法。

第七項　服務標章可否準用商標授權之規定，滋生疑義

我國商標法在民國六十一年修正公布前，尚無關於服務標章之規定，六十一年修正後之商標法，在第六章「附則」即第六十七條規定:「凡非表彰商品之服務標章，其註冊與保護，準用本法之規定」。至何謂服務各標章，其範圍、使用方式爲何? 則無特別之規定，因法律條文僅僅簡單數字，在分別準用商標法各規定時，有時即難免發生疑義。例如服務標章得否準用商標法第二十六條關於商標授權之規定，以及，如得準用，其授權核准之要件爲何，即不無疑義。

所謂服務標章，依法條之形式觀之，似指「凡表彰商品以外之標章，即爲服務標章」，惟此種解釋，似無法瞭解服務標章之眞義。美國蘭哈姆法案第四十五條則將服務標章定義爲: 服務業者爲表彰自己之服務與他人之服務相區別，而使用於其服務之販賣或廣告上之標章 (注五〇)。至所謂服務，一般則解爲: 提供勞務、便益、娛樂以及其他無形利益，以滿足他人之需要之謂。亦即，以勞力或心智，提供滿足他人需

要之活動而言（注五一）。由於服務標章是用以表彰服務之標誌，而商標是用以表彰商品之標誌，二者在本質上有不同之處，因此，有關商標之規定，並非得完全適用於服務標章。我國現行商標法在體系上共分六章，即第一章總則，第二章商標專用權，第三章註冊，第四章評定，第五章保護及第六章附則。商標法第六十七條所指之「註冊」與「保護」是否即指第三章章名之「註冊」及第五章章名之「保護」？果是，則服務標章準用商標法之部分，即僅準用第三章及第五章，其他第一章總則、第二章關於商標專用權及第四章商標之評定、行政救濟等種種事項，則不在準用之列。此種推論，將使服務標章之種種問題無所依循，當非服務標章立法之本意。而且，前述各章所規定之事項，多有服務標章制度上之基本問題，亦是服務標章制度運用上不可或缺之規範。因此，有認商標法第六十七條所稱「其註冊與保護，準用本法之規定」，解釋上當指服務標章自申請註冊時起即準用所有商標法之各種制度及商標法所賦予之各項保護措施（注五二）。此項解釋，誠屬可採。此觀實務上，有關服務標章之評定及行政救濟等事項，亦準用商標之各該規定，可見一斑。依此解釋，服務標章之授權他人使用，屬商標專用權之擴張，是註冊服務標章之權能之一，應受保護，自可授權他人使用。經濟部民國六十七年經六六訴二九五四〇號決定書謂「服務標章，如他人營業之服務，係受服務標章專用權人之監督支配，而能保持該服務標章營業相同之服務水準，並合於國家經濟發展需要所規定之條件者，並非不可核准其授權」，亦採肯定之見解（注五三）。但亦有認無法準用第二十六條之規定，而應加以修正者（注五四）。此項說法亦有所據，爲杜爭議，根本解決之道，仍宜循修法途徑予以解決。

　　所謂準用，是指就某事項所規定之法規，於性質不相牴觸之範圍內適用於其他事項之謂。準用與適用不同，適用係完全依其規定而適用之謂，故準用有其自然之界限，只能在準用事項性質許可範圍內類推適用

而已（注五五）。由於商標所表彰者，為具體之商品，得據以查驗授權人與被授權人之品質是否具有同一水準，但服務標章所表彰者，為無形之心力或勞力所提供之服務，範圍極廣，且不似商標表彰之商品具體、有形（注五六）。因此，在服務標章授權「準用」商標授權時，僅得就其性質上不相牴觸之範圍內適用之，以下僅就服務標章授權可準用商標授權規定之前提下分析準用之結果。

（一）他人營業之服務，係受服務標章專用權人之監督支配。

商標所表彰者為商品，商品莫不依生產、製造、加工等方法而完成，故在商標授權之情形，他人商品之製造（含生產、加工）須受專用權人之監督支配，以期就被授權人所完成工商品品質為實質之管制。在服務標章之情形則不然，服務標章所表彰者，為無形之服務，實際上並不銷售商品，故服務標章專用權人須監督支配者，應為被授權人營業上所提供之服務，而非商品之製造。至監督支配之方式為何，則須視服務標章所提供之服務之性質、型態而定。例如所提供者為教育或娛樂業之服務（商品及服務分類表第四十一類，商標法施行細則），則授權人得就被授權人所聘請之教師為資格上之限制、或被授權人提供之場所做特定標準之要求；又如所提供者，為餐宿業之服務（第四十二類），則授權人得就被授權人營業之場所、衛生設備為監督支配，在人事上得就其受僱之人為專業上之訓練，在食物上供給上得提供配方，以達到一定水準之口味是。

（二）保持服務標章營業相同之服務水準。

在商標授權之情形，因有具體之商品可以互相比較，以核對是否授權人之商品與被授權人之商品具有同一水準以上之品質，服務標章所表彰者，為特定服務之提供，並無具體之品質可加檢驗，因此，在判定是否保持營業相同水準時，似有困難。一般而言，服務業營業品質之好壞，與商標同，亦建立在消費者對其信賴之程度上，易言之，如被授權人提供之服務，與授權人提供之服務保持同一標準以上之水準，且尚在

消費者信賴之範圍內者，即可謂已符合本要件之規定。

　　此外，服務標章之專用權人，在授權前，須先有使用其服務標章之事實，但同類營業中僅使用其中一種而未及其他者，因已有一定之服務水準可供消費者辨識，故可就同類之他項營業授權他人使用。又被授權人是否保持與授權人營業相同之服務水準，主管機關應於授權核准後依職權或據利害關係人之申請，為嚴格之審查，以保障消費者之權益。凡此皆與商標同，在此不予贅述。

　　（三）合於經濟部基於國家經濟發展需要所規定之條件。

　　與商標之規定相同，服務標章之授權是否符合國家經濟發展要件，目前仍依外國事業商標授權處理準則之規定處理之。詳言之，如服務標章之授權人與被授權人間具有直接之投資關係、間接之母子公司投資關係或技術合作關係者，得分別依外國事業商標授權處理準則第二、三、四條之規定申請授權。前述經濟部經六六訴二九五四〇號案例，授權當事人間即有技術合作關係，經濟部於審理該案時，曾函詢交通部觀光局及投資審議委員會，經查其服務標章之授權使用，將有利於技術合作之實施，且有助於觀光事業之發展，與我國現階段之利益相符合，故核准之。此外，如無投資或技術合作關係時，則依準則第五條之規定辦理，即服務標章所表彰之服務如其水準確實優良，具有國際上之知名度者，亦可申請授權使用，此亦與商標同。

　　（四）經商標主管機關核准。

　　符合上述第一、二、三項要件後，並不當然即得授權他人使用服務標章，最後尚須經商標主管機關核准，方得成立有效之服務標章授權。

　　（五）須於服務上為授權之標示。

　　商標之使用，是將商標用於商品或其包裝或容器上而行銷市面，故為商標授權之標示時，可同時標示於該商品或其包裝或容器上，固無疑問，惟服務標章所表彰者，既為無形之服務，則應如何標示？即有困

難。在討論如何為服務標章授權之標示前，先瞭解服務標章表現之形式及其使用之樣態，有助於此一問題之檢討。

修正前商標法第六條是關於商標使用之規定，其中第一項規定：「本法所稱商標之使用，係指將商標用於商品或其包裝或容器之上，行銷市面而言」，此項規定，無法準用於服務標章，蓋服務標章無法附著於無形之服務之上（注五七）。同條第二項規定：「商標於電視、新聞紙類廣告或參加展覽會展示以促銷商品者，視為使用，以商標外文部分用於外銷商品者，亦同。」其中將商標用於電視、新聞紙類者，亦為服務標章使用之方式之一，故可在準用之列，惟服務標章使用之方式，並不以此為限，以商標使用之規定準用於服務標章，實有不足。故有認為：「為避免服務標章註冊制度發生偏差，除應於服務標章分類中附加解釋及說明之外，尚須以明文規定服務標章之使用方法。如此，一則可以避免服務標章及商標使用之混淆、澄清觀念；二則可便於證明服務標章有無使用之事實，以避免發生爭論」（注五八）。此外，學者曾陳明汝即曾認為：「……服務標章，在性質上，與商標有所不同，其使用之方法，自亦與商標之使用方法有別，我國商標法對於服務標章之使用方法既未有特別之指示，美國商標法第四十五條有關服務標章使用方法之定義，值得參考」（注五九）。氏亦認為服務標章之使用，無法準用商標使用規定，足見依修正前商標法，何謂服務標章之使用，並無規定，有待立法明定予以釐清。本次商標法已針對此一問題予以明定於第七十二條，此容於第五章詳述。

注　釋

注　一　有關我國商標法歷次修正條文及重要紀事，請參閱李茂堂著，商標法之理論與實務，頁三八三以下，民國六十七年十一月，及王仁宏、馮震宇著，中美兩國商標構成要件暨取得要件之研究，頁九五～九六，民國七十四年十一月。

注　二　本次修法，係以「營業」一語語意不明，不易審酌為由刪除須與營業一併移轉之規定，其理由僅涉及技術問題，似有不足。事實上，商標係表彰商品之標誌，亦為產品信譽與顧客信心之媒介，具有表明商品來源及商品品質之功效。職是之故，商標專用權之移轉，自應與其所表徵之營業信譽一併為之。蓋商標最忌諱由二營業主體同時使用，而令消費大眾對商品來源發生混淆誤認，以致於影響交易安全，故商標專用權與商品之間有不可分之關係，其移轉自應與其營業信譽一併為之，亦即不得與其所表彰之商品分析移轉，此為修正前商標法第二十八條第一項規定之理論所在，本次修法何以不採，除技術上之問題外，似應補充理論上之依據。一般而言，規定需與營業一併移轉者，主要是著重在商標「表彰來源」及「品質保證」之功能，至未要求商標專用權須與營業一併移轉者，則係著重在商標權之財產機能。外國立法例二種規定均有其例。例如韓國、德國、義大利、瑞士，即規定須與營業一併移轉，至英國、日本則可不必與營業一併移轉。

注　三　學者陳森認基於下述理由，商標專用權應單獨自由移轉，可供參考。(1)目前之商標，其一般作用非在識別某一製造商或某一商人，其主要任務乃在保證大眾買同樣商品之貨物，即可獲得同樣種類之商品，購買人平常皆不知其製造者為何人，故主張商標若不與所繫屬之營業一併移轉，易使大眾不知貨物來源而受矇混之害一說，實欠適當。(2)商標須與其所繫屬之營業或一部營業一併移轉，各國之商標中有此規定者常發生猶豫不定之現象，為免除此種缺點計，唯有將此規定予以廢棄。（惟筆者並不認此點可構成支持商標權應單獨自由移轉之理由，蓋法律之制定常有因社會環境之變遷或理論之修正而改變當初立法意旨，進而反覆修正之必要，使其規定確定之根本之道，應從理論及實際需要之研究探討為之，而非以廢棄規定之方式避免猶豫不定之現象，否則將有因噎廢食之感。）(3)商標須與其所繫屬之營業，或一部營業一併移轉，其目的在保

護一般消費者或購買人之利益而設。倘商標讓與人讓與其商標後，而停止再使用該商標或不易分別之類似商標，則此項目的油然達到矣。(4)反對者謂商標若不與其營業一併移轉，受讓人極易將原商標繫屬商品之品質改變一節，亦屬杞憂，蓋商標與其營業一併移轉，亦無法保證受讓人不改變商品之品質也。似此消費者之利益，亦未克獲得適當之保護，各國之商標法，對於註冊商標之商品多未規定不許改變其品質，美國聯邦貿易委員會之條例中雖有此規定，此種規定之效力，在准許商標單獨自由移轉之型態下，亦毫無差異也。(5)如在英美兩國然，商標隨商業之發展，其本身遂脫離其營業而有內在之價值與信用，故單獨收買商標，並無可非議之處，且公眾利益與營業者之利益，絕無衝突也。(6)有主張在採用廣泛之自由移轉原則時，須加予防護之條文，即「凡商標之移轉，受讓人有欺矇大眾之行為時，應作無效。」一節，亦屬不當。蓋無論任何商標之移轉，殊難預定受讓人有欺矇大眾之打算，一切須視其使用之方法如何？欺矇行為之本身，與轉讓行為無直接關係也……。綜上理由，陳森氏認吾國商標權之移轉，須與其營業一併為之，乃屬毫無意義。參閱陳森，各國商標專用權之移轉條件及其趨勢，法律評論，第三六卷七期，頁七，民國五十九年七月。（筆者按：該文係於民國五十九年寫成，當時之商標法第十七條規定：「商標專用權得與其營業一併移轉於他人並得隨使用該商標之商品分析移轉，但聯合商標權不得分析移轉。」）

注　四　經濟部經臺（六五）商三五五二六號函曾謂：「查商標除移轉外，限於專用權人使用為原則，其所以有授權他人使用之例外，乃基於國家經濟發展之需要，以吸引優良技術，故商標授權使用，除具備相當條件，其期間亦非無限制，尤以外國商標授權使用之情形為最。否則非但不能促使技術改進、經濟成長，反易養成工商業者之依賴性，使工商呈現停滯。是商標期間屆滿已請延展註冊，其原經核准之授權他人使用其商標，仍應重新申請核准。」

注　五　行政法院六〇年度判學第四十六號判決謂：按商標主管機關得視國家經濟政策，而依行政權裁量，分別准駁商標授權之申請，此經經濟部臺五二商字第一二七二四號令補充規定有案。本件原告以其註冊第一七五二四號「勝家」商標申請授權臺灣勝家實業股份有限公司使用，經被告官署徵詢有關意旨，以原告並未在省內設廠或與國內公司有投資或技術合作關係，即製造授權商標所使用之商品，無法監督支配，以保持該商品之相同品質，而於促進國內工業亦非必須，乃將原告之申請予以駁回，於法尚無不合。參照徐火明主編，工業財產權法裁判彙編，頁二六九，

民國七十四年一月。

注 六　有關此類實務上處理商標授權准駁之依據，其分析及檢討，容於下節詳述。

注 七　李茂堂著，商標法之理論與實務，頁二八九〜二九〇，民國六十七年十一月。

注 八　經濟部經臺（五二）商字第一二七四號令：商標專用權人除移轉其商標外，不得授權他人使用其商標，但他人商品之製造係受商標專用權人之監督支配而能保持該商品之相同品質，並經商標主管機關核准者，不在此限，原則上商標專用權人不得將其商標授權他人使用，但如有但書規定之情形，並經商標主管機關核准者爲例外，此項例外規定之要件有二：一爲他人商品之製造係受商標專用權人之監督支配，而能保持該商標商品之相同品質。二爲縱具備上述要件，尚須經商標主管機關之核准，商標主管機關可就商標授權使用可能引起之一切問題，及我國經濟政策等各方面作通盤考量後定其准駁標準，如授權使用顯有妨礙我國工商業之發展，或將使我國遭受重大不利之虞時，應不予核准。依據上開說明，茲對商標授權使用之核准加訂補充規定：「凡外商商標使用之商品，其品質確屬優良，爲國內所需要，可促進工業進步或拓展外銷市場者，其商標始准授權他人使用」，以爲今後審核授權使用案件之準據，有關味精商標之授權，應不予核准。其後經濟部經臺（五八）商字第〇六一五七號令謂：「凡商標使用之商品，其品質確屬優良，爲國內外所需要，可促使工業進步或拓展外銷市場者，其商標始准授權他人使用或移轉於他人」。此號令將前揭部令之「外商商標」修改爲「凡商標」，擴大其適用對象而不再限於外國商標，且適用之範圍除商標授權外，亦包括商標移轉之案件。

又經濟部（六一）商二四二九六號令並謂：「查本部經臺（五八）商字第〇六一五七〇號令頒商標授權及移轉註冊核准標準，係基於政策上需要爲防止業者利用授權使用或移轉註冊之法律縫隙致使外國商標充斥市場，妨礙我國工商發展依法所爲之補充規定」。

注 九　例如：日商帝國臟器製藥股份有限公司曾以其業經核准註冊，指定使用於西藥類之商標「オバホルモン OVAHORMON」，依本法授權之規定，申請授權給臺灣武田藥品工業股份有限公司使用，卽被經濟部中央標準局援用前述（五二）經臺商字第一二七二四號令以該授權商標商品在我國境內生產已屬過多而予核駁。該日商公司不服，一再向經濟部、行政院及行政法院提起訴願、再訴願及行政訴訟，其不服理由之一，卽指出：「商標法關於授權之規定，係指商標主管機關本乎商標管理行政

立場，就授權使用商標之製造，是否受商標專用權人之監督支配，而能
保持相同品質，予以核准與否而言。並非商標主管機關以外之國際經濟
發展委員會投資業務處擅可越俎主張下合商標授權規定或僅以一紙經濟
部補充規定之命令，任意限制。如果經濟部主管機關爲施行某項經濟政
策，而認有限制商標授權之必要，亦應依據法律明白頒訂限制辦法，以
昭眾信……」云云。參照五六年度判字第九號、第十七號判決（五十六
年度判字第十七號並列爲判例），引自徐火明主編，前引注四書，頁二
三四、頁二〇四。其他如行政法院五十六年度判字第一八號判決、五八
年判字第一四六號、五九年判字第二四四號、五九年判字第三二〇號、
六十年度判字第四六、七〇、一八七及四七二號等，亦係依經濟部經臺
（五二）商字第一二七二四號令而爲核駁授權之處分。就法理而言，經
濟部此項號令之限制，是否妥當，似有探討之必要。有認商標授權使用
之限制，係涉及實體權利之事項，其限制需以法律規定，卽使委託行政
機關立法，亦須有法律明文授權，當時商標法第三十七條只規定：「本
法施行細則，由行政院主管部定之。」是以商標法授權委任立法範圍，
僅以程序性之補充事項爲限，然而行政院在各案件中，卻據以經濟部頒
布之命令，爲核駁外商商標授權之準據，以行政命令規範實質權利，缺
乏法律授權之明文，其效力如何，殊可置疑。參閱商標授權使用限制立
法之基礎問題，聯合報，民國五十八年七月二日，第三版。

注一〇　但錢國成教授認爲：商標法旣授權商標主管機關以「核准」之權限，則主
管機關在不違反商標法授權使用規定之範圍內，自得制定標準以爲核准
之基礎，其標準之內容是否合理不談，商標主管機關之該項行爲於法並
無違背，此與前揭注九之解釋，採不同之說法。翁鈴江亦認爲就經濟部
之命令觀之，該命令僅是商標主管官署內部決定應否核准授權使用之標
準，並非對授權本身加以任何限制或剝奪，於法並無抵觸，故前說不足
採信，就我國實例言，亦採後說，現行商標法所以增列「須合於經濟部
基於國家經濟發展所規定之條件」，僅是爲杜絕爭議而設。參閱翁鈴江
撰，商標權之侵害與救濟，（臺大法研所碩士論文，頁八七～八八，民
國五十九年五月。

注一一　行政法院五八年度判字第一四六號判決略謂：
　㈠依商標法第十一條第三項規定（筆者按，卽現行商標法第二十六條第
　　一項）商標專用原則上不准授權他人使用，但必要時須經商標主管機
　　關核准亦得授權他人使用，是商標專用權能否授權他人使用需經商標
　　主管機關核准爲必要條件。原告註冊商標所使用之商品係補助療劑，
　　其處方與國內之百花油相類似，在國內無特殊需要，乃依據經濟部五

十二年八月二十八日經臺（五二）商字第一二七二四號令規定，予以
否准，查上項命令係主管部對商標法在適用之補充規定，以作商標主
管機關處理業務上之依據，與商標法第十一條第三項規定並無衝突，
依法自應有效。

㈡技術合作條例第三條第一項規定技術合作係指外國人供給專門技術或
專利權與中華民國政府、國民、法人，約定不作為股本而取得一定報
酬金之合作，是技術合作並不包括商標專用權授權使用在內，至為明
確，兩者法律上之依據各不相同，自不得以核准前者作為申請後者之
理由。參閱徐火明，前引注五書，頁二四七。另行政院五十七年訴字
第四二一六號決定書亦持相同理由。

注一二　技術合作條例第三條第一項規定：本條所稱之技術合作，指外國人供給
專門技術或專利權與中華民國政府、國民或法人，約定不做股本而取得
一定報酬金之合作。第四條第一項規定：

本條例所稱供給之專門技術或專利權，係指對國內所需要或可供外銷之
產品或勞務，而具有左列情形之一者：

一、能生產或製造新產品者。

二、能增加產量、改良品質或減低成本者。

三、能改進營運管理設計或操作之技術及其他有利之改進者。

注一三　經濟部經臺（五九）商字第三三七八號呈請核示，行政院臺（五九）經
字第七八一四號令准備查：

一、外國人投資案之商標授權，依下列規定辦理。

　　㈠被投資之公司，其全部資本，僅為一外國公司法人所投資者，該
　　　一外國公司所有之商標，准予授權該被投資公司使用。

　　㈡被投資之公司，其全部資本，由數個外國公司法人所投資，其中
　　　投資最多之一外國公司法人與被投資之公司訂有技術合作契約，
　　　且經我國政府核准者，如以其所有之商標，授權該被投資之公司
　　　使用得予准許，惟其期間以核准技術合作之期間及產品為限。

　　㈢前二項被投資之公司，有經政府在政策上指定須本國人參加投資
　　　者，仍得適用二項之規定。

　　㈣外國人經核准技術合作而無投資者，以技術合作條例第一條第一
　　　項第一款「能生產或製造新產品者」之規定核准為限，准許技術
　　　人之商標授權本國合作人使用，其期間以核准合作之期間為限。

　　㈤商標授權有效期間，如技術合作契約撤銷，或被投資公司之資
　　　本，非全部為原投資人所有，商標主管機關應依職權或經人舉
　　　發，撤銷其商標授權。

　　　　㈥商標授權期滿時，如技術合作未經核准延展，或被投資公司之投
　　　　　　資本非全部爲原投資人所有，如申請繼續商標授權使用，不予核
　　　　　　准。

　　二、普通授權案件，仍照本部授權補充規定辦理，應向工業發展局徵
　　　　　詢，如其商品屬其他機關主管者，由工業發展局轉詢其意見後，再
　　　　　彙復中央標準局。

注一四　例如美商輝瑞大藥廠（Chas Pfizer S. Co. Inc.）與臺灣輝瑞大藥廠股
　　　　份有限公司有投資關係，但其申請「地靈康體力」、「齡保」商標仍被
　　　　駁回。至無投資或未在省內設廠時，則如前所述行政法院六〇年度判字
　　　　第四十六號之判決，以不能對於品質有效監督支配，而駁回其申請，故
　　　　有關商標授權之限制，當時仍可謂相當嚴格。

注一五　茲摘列外國事業商標授權處理準則之重要條文如下，以供參考：

　　第二條　外國事業依外國人投資條例申請核准在我國境內投資設立事
　　　　　　業，其投資額占該投資事業總資本額20％以上，其在我國註冊
　　　　　　之商標，所使用之商品如屬投資產品範圍以內者，經中央標準
　　　　　　局（以下簡稱標準局）核准後，得授權該投資事業使用。

　　第三條　外國事業雖未依外國人投資條例申請核准在我國境內投資設立
　　　　　　事業，惟其母公司或所屬之子公司符合本準則第二條所規定之
　　　　　　情形者，該外國事業在我國註冊之商標，經標準局核准後，得
　　　　　　授權其母公司或所屬之子公司所投資之我國事業使用於投資範
　　　　　　圍以內之產品。

　　第四條　依技術合作條例核准之技術合作案件，外國事業在我國註冊之
　　　　　　商標，得經標準局核准授權我國合作人使用，授權使用之產品
　　　　　　係指技術合作之產品，授權期間以技術合作期間爲限，技術合
　　　　　　作期滿後，如欲繼續商標授權者，得依第四條申請。

　　第五條　外國事業在我國註冊之商標如其所使用之商品，品質確實優
　　　　　　良，具有國際市場，且該商標之專用權人能監督支配我國事業
　　　　　　生產同類商品保持與該商標商品相同品質者，經標準局核准
　　　　　　後，得授權我國廠商使用。

注一六　關於撤銷商標專用權之法定事由，係規定於商標法第三十一條，茲將修
　　　　正前、修正後之條文臚列如下，以供參考。

　　修正前商標法第三十一條：

　　商標專用權除得由商標專用權人隨時申請撤銷外，凡在註冊後有左列情
　　事之一者，商標主管機關應依職權或據利害關係人之申請撤銷之：

　　一、於其註冊商標自行變換或加附記，致與他人使用於同一商品或同類

　　商品之註冊商標構成近似而使用者。

二、註冊後無正當事由迄未使用或繼續停止使用已滿二年者。

三、商標專用權移轉已滿一年，未申請註冊者。

四、違反第二十六條規定而授權他人使用，或明知他人違反授權使用條
　　件而不加干涉者。

前項第二款之規定，對於設有防護商標或聯合商標仍使用其一者，不適
用之。

商標主管機關為第一項之撤銷處分前，應通知商標專用權人或其商標代
理人，於三十日內提出書面答辯。

商標專用權人受第一項之撤銷處分確定者，於撤銷之日起三年以內，不
得於同一商品或同類商品申請註冊、受讓或經授權使用相同或近似於原
註冊之商標。

修正後商標法第三十一條：

商標註冊後有左列情事之一者，商標主管機關應依職權或據利害關係人
申請撤銷商標專用權：

一、自行變換商標圖樣或加附記，致與他人使用於同一商品或類似商品
　　之註冊商標構成近似而使用者。

二、無正當事由迄未使用或繼續停止使用已滿三年者。但有聯合商標使
　　用於同一商品，或商標授權之使用人有使用且提出使用證明者，不
　　在此限。

三、未經「註冊」而授權他人使用或違反授權標示規定，經通知限期改
　　正而不改正者。

四、商標侵害他人之著作權、新式樣專利權或其他權利，經判決確定
　　者。

前項第二款之撤銷得就註冊商標所指定之一種或數種商品為之。

商標主管機關為第一項之撤銷處分前，應通知商標專用權人或其商標代
理人，於三十日內提出書面答辯。但申請人之申請無具體事證或其主張
顯無理由者，得不通知答辯，逕為處分。

第一項第二款情事，其答辯通知經送達商標專用權人或其代理人者，商
標專用權人應證明其有使用之事實，逾期不答辯者，得逕行撤銷其商標
專用權。

商標專用權人有第一項第一款情事，於商標主管機關調查期間不得自請
撤銷，受撤銷處分者於撤銷之日起三年內，不得於同一商品或類似商品
註冊、受讓或經授權使用與原註冊圖樣相同或近似之商標；有第一項第
四款情事者，於其侵害原因消滅前，不得以同一圖樣申請註冊。

注一七　翁鈴江，前引注一〇，頁八七。

注一八　經濟部經臺（五〇）商字第〇一三六八號令：「所請檢驗與調查授權他人使用商標專用權乙節，係屬法定監督權責，可准照辦，惟爲便於事後檢驗核對起見，該局應於受理此類授權案件之初始，卽應具備此種商標之製品之品質資料及其樣品存查，以爲日後查驗核對之準則，藉免疑寶與紛擾。至檢驗工本費由被授權人繳交乙節，亦准照辦，惟爲確立準則起見，應由該局擬定收費標準報部核准後實施。又被授權使用商標之商品包裝及標示乙節，專屬管理權責，自應標明授權者與被授權者雙方之廠商名稱等。」

注一九　所謂依照商品檢驗法辦理者，係指依該法第四條及第十條第一項規定之處罰而言。按商品檢驗法第四條規定：

應施檢驗之商品，於包裝、標貼紙或仿單內，除依國家標準規定作有關之標示外，並應加註其商品名稱、品質、規範，有化學成分者，其成分，原無前項規定記載之輸入商品，在國內市場銷售者，應由國內銷售者於其包裝、標貼紙或仿單內加註其商品名稱、品質、規範，有化學成分者，其成分。

應施檢驗之商品，不依前兩項之規定爲標示或爲不實之標示者，主管機關得命令其停止輸出、輸入、陳列或銷售。

第十條第一項規定：

應施檢驗之國內市場商品，依左列規定執行檢驗：

一、定期檢驗。

二、隨時抽驗。

注二〇　經濟部經臺（五〇）商字第九八六四號令補充規定：

前令（一三六八號令）係原則性之規定，於製造、販賣不同形式之授權使用商標時，可分別爲不同之標示。按商標授權，固有外國人授權外國人使用者，但爲便於管理，明確識別，導致混同誤認起見，仍應依前令轉之廠商標明授權使用之雙方廠商名稱及其所在地，至是否用中文乙節，外國廠商製品外銷，可不硬性規定，如此方不致被誤認係相同或襲用同他人之商標。

注二一　經濟部經臺（六〇）商字第一六九五四號令通稱：

可依本部發文經臺（五〇）商字第九八六四號令規定，於輸入我國銷售者，應由輸入人在銷售前，以中文標示商標授權使用之雙方廠商名稱及實際製造地，其事實上未在我國製造，自可不標在中華民國製造字樣。

注二二　有認此項標示，應以中文標示於商標附近易於消費者注意之處，蓋標示之目的在便於消費者之選購，商標註冊效力僅限於國內，自應以中文爲

之。若所標示之文字在不易發現之處，則失其標示之意義，自應於商標
附近，使消費者一看商標卽知何人出品，免於誤購，所標示之文字應包
括專用權人及被授權人名稱及製造地在內，始爲完整之標示，卽「某某
公司在中華民國製造」。參照何連國著，商標法規及實務，頁二一四，
民國七十三年三月，三版。

注二三　使用人於商品上標示「由××公司授權製造」者，其使用未違反授權之
　　　　規定，參照經濟部經臺（六五）訴字第○六七○三號決定書，黃茂榮
　　　　編，商標法案例體系（二），植根法學叢書，工業財產權法（二），頁
　　　　三一二九一～三一二九二，民國七十二年十月。

注二四　商標法第三十一條第一項爲關於撤銷商標專用權之規定，與撤銷授權核
　　　　准本屬二事，惟商標專用權一經撤銷確定後，卽往後失其效力而不復存
　　　　在，則授權契約之標的卽失所附麗，自不復有商標授權可言，就授權契
　　　　約以論，其效力與撤銷授權核准同，故在此一併討論。商標法第三十一
　　　　條新舊條文請參閱注十六。商標法第二十七條規定如下：修正前商標法
　　　　第二十七條：經核准授權使用之商標，如使用時違反前條之規定者，商
　　　　標主管機關應依職權或據利害關係人之申請，撤銷授權之核准。
　　　　修正後商標法第二十七條：違反前條第三項規定，經商標主管機關通知
　　　　限期改正，逾期不改正者，應撤銷其商標授權登記。

注二五　已廢止之「外國事業商標授權處理準則」第七條卽規定：商標授權有效
　　　　期間，如原經據以核准之條件，自始未符合或嗣後變更未符合規定時，
　　　　標準局應依職權或受理舉發撤銷原核准之商標授權，可供參考。詳參注
　　　　一五。

注二六　按舉證責任分配之原則，向有多種學說互用，其中要證事實分類說係按
　　　　要證事實之性質而爲舉證責任之分配，此說將要證事實分爲二類，第一
　　　　類以所主張者爲積極或消極之事實而決定當事人是否有舉證責任，蓋積
　　　　極事實易於證明，責以舉證責任，理所當然，至於消極事實，通常均難
　　　　於證明，甚至不能證明，故不負舉證責任，此乃淵源於羅馬法上所謂
　　　　「否定者無須舉證」之法則；第二類以所主張之事實是否表現於外部或
　　　　存在於內心，而決定其是否有舉證責任，蓋表現於外部者，有具體可見
　　　　之行爲，自易證明，責以舉證責任，應無問題，若其所主張者爲心意界
　　　　之作用，如知與不知，善意與惡意，心神喪失或精神耗弱等，如責以舉
　　　　證責任，事實上將感困難，故主張此等事實或狀態之人，不負舉證之責
　　　　任。此在通常情形亦屬正確，其中主張外界事實者應負舉證責任，則有
　　　　頗多例外，且有法律明文規定主張內界事實之當事人應負舉證責任者，
　　　　例如依民法第二百四十四條第二項之規定訴請撤銷者，須就債務人「明

知」及受益人「知」其情事負舉證責任，又所謂內界事實不能或難能舉證，亦不盡然，例如通知、示知、告知卽可證明其知是，故雖謂主張內界事實者不負舉證責任，但仍有例外，參照姚瑞光，民事訴訟法論，頁三三九～三四二，民國七十三年三月。曹偉修著，最新民事訴訟釋論（中冊），頁九一〇～九一二，民國六十五年一月。依上述舉證責任分配之原則，主張他人有違反授權使用條件而不加干涉者，應負舉證責任當無疑問，至「明知」一項，雖屬存在於內心之狀態，但撤銷他人商標專用權，影響他人權益至鉅，故仍應由主張有明知之人負舉證責任，方爲公允。何連國認「明知」之舉證責任在主管機關，實無法取得積極證據，故本段規定，形同具文。參閱氏著，前引注二二書，頁二五二。惟筆者認爲，此段規定，仍有必要，且不至形同具文，蓋如前所述，內界事實並非全爲不能或難能證明，商標專用權人在將商標授權他人使用後，對他人商品之製造，本有監督支配之權利及義務，其怠於行使及履行者，卽可認係明知而故爲，況被授權人使用其商標商品，流通於市面上，該商品品質如何，商品上有無商標授權之標示，並不難查知，由主張有明知情事之人負舉證責任，並不困難。

注二七　李茂堂著，前引注七書，頁三一六。

注二八　商標法第二條已修正爲：凡因表彰自己營業之商品，確具使用意思，欲專用商標者，應依本法申請註冊。

注二九　周占春撰，我國商標法上服務標章制度之檢討，頁七七，國立中興大學法律學研究所七十四學年度第二學期碩士論文，民國七十五年六月上。

注三〇　網野誠著，商標（新版），頁九五，昭和五十六年六月初版六刷，有斐閣，轉引自周占春撰，同前注。

注三一　李茂堂，商標法之理論與實務，頁八四～八五，民國六十七年十一月初版。

注三二　同前注，頁八五。又氏認爲：「前述之製造、加工、揀選、批售與經紀等，通常均包括於廣義的生產範圍內。又現行商標法各有關規定，對於表彰不同方式來源之商標，並未加以區分，故其一切處理方法，法律效果等，皆不分其爲生產、製造、加工、揀選、經紀或批售，在法律上完全相同。因之在實務上亦並無區別之必要。而申請商標註冊之意義，卽係爲表彰該等生產、製造、加工、揀選、批售或經紀之商品之用。」此項論述，於商標申請註冊時，固無區分之必要，蓋不問係爲表彰生產、製造、加工、揀選、批售或經紀之商品，依商標法第二條之規定，皆在得申請註冊之列。但在申請商標授權時，則不然。商標法第二十六條規定「……但他人商品之製造……」明文揭示得以授權他人使用商標者，

僅以商品「製造」一項為限，其他生產、加工、揀選、批售或經紀之商
品，則不在得授權之列，此際，區別被授權人使用商標，究屬為表彰其
所生產、製造、加工、批售或經紀之商品，依現行法之規定，即有必
要，此由氏於商標授權一節亦認商標授權僅以商品之製造一項為限，可
得印證。另參氏著，前揭書，頁二八八。

注三三　網野誠，前引注三〇書，頁九五；渡邊宗太郎著，工業所有權法要說，
　　　　頁二〇九，昭和三十九年十一月初版第三刷，有斐閣，轉引自周占春，
　　　　前引注二九文，頁七七～七八。

注三四　李茂堂，前引注三一書，頁二八八。

注三五　宋富美，談商標授權，中興大學法律學研究所法學研究報告選集，頁三
　　　　二〇，民國七十年十二月。曾陳明汝，美國商標制度之研究，頁一一
　　　　一，民國六十七年三月。

注三六　英國商標法第二十八條僅要求授權當事人間說明彼此監督支配之關係即
　　　　可；蘭哈姆法案第四十五條則規定就標章所表彰之商品或服務之性質或
　　　　品質為監督支配（…in respect to the nature and quality of the
　　　　goods or services…）；日本商標法並無監督支配之要求，僅於構成欺
　　　　罔公眾時，有撤銷授權之規定，上述各國之立法精神，皆在強調商品品
　　　　質之監督支配，而不問完成之商品係被授權人所生產、製造或加工，更
　　　　不問被授權人是否有製造商品之能力或有工廠設備。

注三七　為解決此一問題，有認法條所定「他人商品之製造」似僅以下承「受商
　　　　標專用權人之監督支配」，以表明授權人對被授權人產品品質應加以監
　　　　督支配，並無將之限於「製造」一種之義，蓋如係立法有意限制授權之
　　　　樣態，局限於被授權人製造之商品而不及於加工等情形，則應於立法理
　　　　由中說明，以免滋疑竇。但此種限制，似不合理，亦無必要。參照宋富
　　　　美，前引注三五文，頁三二一。又學者蘇良井君在其「從統一蘋果麵包
　　　　事件談商品標示、商標使用與授權」一文中，亦指出，「實務上國內的
　　　　廠商將註冊商標授權國內廠商使用之情形，被授權人以製造業（有製造
　　　　工廠的製造業）為限，因如非製造業，則如何保證其所產製的商標商品
　　　　能維持與授權人的商標商品相同品質？授權人如何進行監督支配被授權
　　　　人？因此國內最普遍的貿易商最需要授權使用國內廠商的註冊商標或外
　　　　國人在我國的註冊商標，而將商品銷售到國際市場，但由於其大多數均
　　　　非製造業，而無法獲得商標授權，此種情形對我國以貿易為導向的政策
　　　　不無影響，辦理商標授權的經濟部中央標準局檢討商標授權使用制度與
　　　　政策時，似應費心為國內的貿易商打開一條合法授權使用商標之路。」
　　　　蘇氏所指，雖旨在促商標主管機關開放貿易商申請商標授權（貿易商是

否必須申請商標授權，容於第四章第二節討論），惟氏認觀之世界經濟發展之趨勢、商品的製造，不限於商品的製成，由於文明愈盛，分工愈細，工商企業間的關係亦愈趨複雜，商標專用權人與使用商標者之間已不再囿限於「商品製造」的單純關係一點，則與本文之看法，同其旨趣。參閱前揭文，載於工業半月刊，第一六〇期，頁五，民國七十五年十月。

注三八　行政法院六十一年判字第六二二號判決參照。

注三九　又經濟部經臺（五〇）商字第〇一三八號亦曾規定：「所謂所請檢驗與調查授權他人使用商標專用權乙節，係屬法定監督權責，可准照辦，惟為便於事後檢驗核對起見，該局應於受理此類授權案件之初始，即應具備此種商標之製品之品質資料及其樣品存局（中央標準局），以為日後查驗核對之準則，藉免疑竇與紛擾。至檢驗工本費用由被授權人繳交乙節，亦准照辦，惟為確立準則起見，應由該局擬訂收費標準報部核准後實施。又被授權使用商標之商品包裝及標示乙節，事實管理權責，自應標明授權者與被授權人者雙方之廠商名稱等。」

注四〇　除品質管制之原則外，我國商標法尚要求商標授權必須合於經濟發展之要件，較其他國家法律之規定，更為嚴格。參閱徐火明，商標的授權，生活雜誌，一五期，頁八八，民國七十四年九月一日。

注四一　有關外國事業商標授權處理準則之相關條文，請參閱本章第一節，注一五。

注四二　「把外國月亮搬到我家」之二，工商時代，二〇期，頁一四～一六，民國七十二年十二月一日。

注四三　商標之複授權，有如民法上租賃物之轉租，民法第四百四十三條第一項規定：「承租人非經出租人承諾，不得將租賃物轉租於他人；但租賃貨物為房屋者，除有反對之約定外，承租人得將其一部分，轉租於他人。」同法第四百四十四條第一項規定：「承租人依前條之規定，將租賃物轉租於他人者，其與出租人間之租賃關係仍為存續」，可知民法上之租賃，以「不許轉租」為原則，「許可轉租」為例外。參閱鄭玉波，民法債篇各論（上冊），頁二四八，民國七十年三月七版。

注四四　修正前商標法第三十一條全文，請參照注一六。

注四五　修正前商標法第二十五條及第二十五條之一已合併為現行商標法第二十五條。

修正前第二十五條: 申請商標專用權期間延展註冊者，應於期滿前六個月內申請，並附送原註冊證及商標圖樣。

修正前第二十五條之一: 商標專用期間申請延展註冊，有左列情形之一

者，不予核准:

一、有第三十七條第一項第一款至第六款或第八款情形之一者。

二、申請延展註冊前二年內，無正當事由未使用者。

　　修正後商標法第二十五條:

申請商標專用權期間延展註冊者，應於期滿前一年內申請。

前項申請之核准，以該商標註冊指定商品內實際使用之商品為限。其有左列情形之一者，不予核准:

一、有第三十七條第一項第一款至第八款情形之一者。

二、申請延展註冊前三年內，無正當事由未使用者。但有聯合商標使用於同一商品，或商標授權之使用人有使用者，不在此限。

注四六　英國商標法第二十八條第二項即明定: 商標經允許使用後，其商標之使用，仍視為商標授權人之使用，即採相同之見解。依此規定，授權人於授權後如未繼續使用其商標，其商標亦無被撤銷之虞; 另美國商標法第五條亦規定，關係公司之使用，其利益及於商標專用權人，立法旨趣相同，參閱本文第二章第一、二節。

注四七　例如經濟部經臺（五八）訴字第三八〇七一號決定書、行政院臺（五三）經字第一九〇五號令、經濟部經臺（五七）訴字第三六一七一號決定書均採此見解。

注四八　行政院七十六年十月二十三日臺（七六）經二四三三三號函經濟部，核示事項:

一、商標法第二十五條之一第二款及第三十一條第一項第二款所稱「未使用」或「繼續停止使用」，係指有使用權之人（包括商標專用權人及商標授權之使用人）均未使用或繼續停止使用商標而言。

二、商標法第二十六條第一項但書所定「但他人商品之製造，係受商標專用權人之監督支配，而能保持該商標商品之相同品質」，係商標主管機關審核商標專用權人得否將其商標授權他人使用之條件，並不以商標專用權人繼續使用其商標為必要。惟商標專用權人申請授權他人使用其商標，應以商標專用權人已有使用其商標於商品之事實為前提，若商標專用權人於商標註冊後，並未使用其商標，商標主管機關依法即不應核准其授權他人使用。

三、本院臺（五七）經字第三六一七號令釋中之「即在授權他人使用後，仍須自己繼續使用，始可監督支配他人商品之製造，保持與自己商品同一之品質，否則即無以實現符合授權他人使用之要件，從而商標專用權人若於依法授權他人使用其商標後，自己即停止使用，仍應受商標法第十六條第一項第二款之拘束。」應即停止適用。本院

臺（七三）經字第一七七八九號函示：「商標法第二十五條之一及
第三十一條第一項第二款所稱之『使用』，遇有外國商標經核准在
我國註册並依同法第二十六條第一項經核准授權我國廠商使用之情
形時，該外國商標專用權人仍應依同法第六條之規定繼續使用該商
標，惟其使用不以在中華民國境內爲限。」係依前開院令意旨所爲
之補充解釋，應一併停止適用。

注四九　有關日本商標授權之規定，可參考本文第二章第三節。

注五〇　15 U.S.C. §1127:

Service Mark. The term "service mark" means any word, name,
symbol, or device, or any combination thereof-

(1) used by a person, or

(2) which a person has a bona fide intention to use in commerce
and applies to register on the principal register established by
this Act, to identify and distinguish the services of one person,
including a unique service, from the services of others and to
indicate the source of the services, even if that source is
unknown. Titles, character names and other distinctive features
of radio or television programs may be registered as service
marks notwithstanding that they, or the programs, may
advertise the goods of the sponsor.

注五一　周占春，前引注二九文，頁六六。

注五二　周占春，前引注二九文，頁六六。周氏並認爲我國商標法在體系上將服
務標章規定於第六章之附則中，雖然不致影響其法律效力，但在體例
上，終有未妥，蓋法令之規定，本可區爲本則及附則，本則所規定者爲
本體的、實質的規定，附則則是附隨著本則之各種規定所爲附隨的、經
過之規定。服務標章在本質上與商標同屬本體的、實質的規範對象，並
非商標法之附屬事項。

注五三　該案之案情是：訴願人美商・假日旅館股份有限公司以其「HOLIDAY
INN AND GREAT SIGN」服務標章，申請授權高雄華園飯店股份
有限公司使用，經中央標準局爲否准申請之處分，訴願人乃提出訴願。
經濟部認爲訴願人爲著有信譽之旅館業經營者，設有國際性聯營組織，
接受授權使用其服務標章，無異證明被授權使用者與訴願人具同等服務
之水準，並藉其國際聯營系統房間預約，便利簡捷，益能吸引觀光客，
對於觀光事業及經濟發展，均有裨益。故其服務標章之授權他人使用，
只要他人營業之服務，係受服務標章專用權人之監督支配，而能保持該

服務標章營業相同之服務水準，並合於國家經濟發展需要所規定之條件者，並非不可核准其授權。參閱黃茂榮編，商標法案例體系（二），植根法學叢書，工業財產權法（二），頁二八四～二八五，民國七十二年二月。

注五四　宋富美，前引注三五文，頁三二三。

注五五　最高法院四一年臺非字四七號參照。另參閱洪遜欣著，中國民法總則，頁四三，民國六十五年一月修訂初版，自版。

注五六　日本學者井原哲夫曾依照服務之內容，將服務分為三大類型，即（一）縮短生產者與消費者間距離之服務。（二）提供場所或物品以供他人使用之服務。（三）專門性之服務。參氏著，經濟學入門，頁一五～一六，昭和五十四年八月二日發行，東洋經濟新報社，譯自周占春撰，前引注二九書，頁一二～一三。

注五七　「凡非表彰商品，而係表彰自己在營業上所提供之服務，欲專用服務標章者，應申請註冊為服務標章。服務標章不得使用於商品或其包裝或容器上行銷市面。」民國七十一年中央標準局所定之「服務標章之定義，使用方法及營業種類之分類」中揭示甚明。

注五八　李茂堂，前引注三一書，頁二六。

注五九　曾陳明汝，商標之實際使用與繼續使用，臺大法學論叢，一四卷，一、二期，民國七十四年六月。按美國商標法第四十五條對服務標章使用方法之定義，其原文為:

Use in Commerce. The term "use in commerce" means the bona fide use of a mark in the ordinary course of trade, and not made merely to reserve a right in a mark. For purposes of this Act, a mark shall be deemed to be in use in commerce-

(1) on goods when-

　　(A) it is placed in any manner on the goods or their containers or the displays associated therewith or on the tags or labels affixed thereto, or if the nature of the goods makes such placement impracticable, then on documents associated with the goods or their sale, and

　　(B) the goods are sold or transported in commerce, and

(2) on services when it is used or displayed in the sale or advertising of services and the services are rendered in commerce, or the services are rendered in more than one State or in the United States and a foreign country and the person rendering

the services is engaged in commerce in connection with the services.

第四章　現行商標授權之規定及檢討

第一節　現行商標授權之規定

　　修正前商標授權之規定相當嚴苛，爲他國立法例所少見，對於拓展工商，妨礙甚大。八十二年商標法修正時，鑑於商標專用權人對其商譽之維護，必較他人關切，授權他人使用商標，自會愼重斟酌及嚴加監督，實無需過度干預，爰修正放寬授權限制，以經主管機關登記即可，並爲配合工商企業需要，增列再授權規定，乃大幅修正商標法第二十六條全文如下：

　　「商標專用權人得就其所註册之商品之全部或一部授權他人使用其商標。前項授權應向商標主管機關登記；未經登記者不得對抗第三人。授權使用人經商標專用權人同意，再授權他人使用者，亦同。商標授權之使用人，應於其商品或包裝容器上爲商標授權之標示。」

　　茲依現行商標授權之規定分析商標授權制度如下：

一、商標授權係採登記對抗主義

　　修正前原規定商標原則上不得授權，此爲禁止規定，故如有違反（即不符合修正前商標法第二十六條所定之授權條件），當事人間之授權契約無效（民法第七十一條參照），修正後現行條文一反過去原則不准授權之精神，改採可以自由授權、不予干預之精神。惟爲保護消費大眾，仍有向主管機關申請登記之必要，如未申請登記，於當事人間雖仍

生授權之效力，惟不得以其授權對抗第三人，亦即，第三人可不承認當事人間之授權關係。

又「註冊」與「登記」意義有何不同？因修正前商標法對於商標事務之申請，並未區分申請商標專用權、商標授權、商標移轉或設定質權，一律使用「註冊」二字，故並無區別「註冊」與「登記」意義之必要。惟本次修法，則將申請商標授權、申請移轉及申請設定質權修正爲「登記」（第二十六條至第二十八條及第三十條參照），至申請商標專用權，則仍援用「註冊」一語，立法者顯然認爲「註冊」與「登記」意義有所不同，故有意予以區別，惟並無紀錄可稽（注一）。參照一般字典之解釋，「註冊」，係指以法律上或經濟上之事實向主管機關申請並登記於其所掌管之文書之行爲。例如商標法第三十五條第一項規定：「申請商標註冊，應指定使用商標之商品類別及商品名稱，以申請書向商標主管機關爲之」，其他例如商號、法人名稱、著作物、專利品，亦皆有註冊登記之規定，經註冊後，取得專用權，有排除他人使用同一名稱、仿造、盜印……之效力，若有違法侵害情事，須依有關法律規定，負民事損害賠償責任並接受刑事處罰（注二）。至所謂「登記」，則指凡一切人事上財產上之法律行爲，依法向國家官廳報告記錄於簿冊曰登記（注三）。準此，本次修法，諒係以申請商標專用權，事涉權利之創設，且主管機關須爲實體審查，故曰「註冊」，用昭愼重。至申請商標授權、商標移轉及設定質權，乃係針對既有權利所行使之法律行爲，只須事後讓主管機關知悉即可，尚未涉及實體審查，其有無申請，只生對抗第三人之效力，故使用「登記」一語，以資區別。果爲如此，則現行商標法第三十一條第一項第三款未將「註冊」一詞配合修正爲「登記」顯係立法疏漏。

二、商標授權後，可再授權（注四）

修正前商標法對於商標經授權後可否再授權未明文規定，實務上向採否定之見解（行政法院七十四年度判字第一五五八號判決參照），本次修正，已明文規定授權使用人可再授權，惟須經商標專用權人同意，且仍應向主管機關申請登記，方得對抗第三人。

至再授權使用之人可否再授權他人使用，現行法並未規定，解釋上應採否定，以避免商標授權使用之人無限制擴張，致喪失商標表彰商品來源之功能。

三、商標授權之使用人，應於其商品或包裝容器上為授權之標示

修正前商標法第二十六條第二項僅規定應於商品上為商標授權之標示，內容過於簡略，致標示於商品之包裝容器上算不算已依法標示，滋生疑義，現行條文乃增列應於商品或包裝容器上為授權之標示，以資明確。

四、商標授權後，授權使用人之使用，可視為商標專用權人之使用

註冊商標必須依法使用於商品上，方為合法之使用，因修正前商標法第三十一條第一項第二款僅規定：「註冊後無正當事由迄未使用或繼續停止使用已滿二年者」為撤銷商標專用權之法定事由，至授權使用人有使用，惟商標專用權人未使用之情形，有無前開法條之適用，即滋生爭議，實務上係依行政院臺（七六）經二四三三三號函示，認商標授權之使用人有使用者，可視為商標專用權人之使用，為杜爭議，本次修法，已明定商標授權之使用人有使用者，不構成撤銷商標專用權之事由（商標法第三十一條第一項第二款）。準此，商標授權後，商標專用權人可不必再使用其商標，僅由授權使用之人使用即可，並無被撤銷專用權之虞。又因商標於授權後，授權使用之人可再授權他人使用，故該他人之使用，亦可視為商標專用權人之使用，自不待言。且商標授權登記既僅生對抗效力，有無登記並不影響授權效力，故本款所稱授權人，應

不限於已登記之授權人，其未登記者，解釋上應包括在內。

五、商標授權登記之撤銷

修正前商標法第二十七條係規定：「經核准授權使用之商標，如使用時違反前條之規定者，商標主管機關應依職權或據利害關係人之申請，撤銷授權之核准」，本次修正，則以商標授權使用人未爲授權標示者，宜先限期改正，逾期不改正者，再撤銷其授權登記，爰配合現行第二十六條規定，修正商標法第二十七條爲：「違反前條第三項規定，經商標主管機關通知限期改正，逾期不改正者，應撤銷其商標授權登記。」故違反授權標示之規定，如依限改正尙不致構成授權登記之撤銷。又因本條「利害關係人」一詞已遭刪除，故違反授權標示之規定，僅得由主管機關依職權通知限期改正，利害關係人尙不得申請撤銷授權登記。於此情形，利害關係人只能依第三十一條第一項第三款規定，申請主管機關撤銷商標專用權。至本法所稱「利害關係人」，究何所指？過去並未明定，本次修正，鑑於商標撤銷、評定之申請，皆涉及利害關係人之資格限制，惟何謂「利害關係人」，現行條文僅於修正前第四十六條列舉構成第三十七條第一項第六款規定之利害關係人，實務上時生爭議，而有利害關係只是得申請之資格，案件是否成立，仍應依事實證據認定之，故其規定不宜過嚴，爰參酌行政法院五十年判字第四十四號等判例，增訂現行商標法第八條：「本法所稱利害關係人，係指該商標之註冊對其權利或利益有影響之關係者。」，使利害關係人之認定，更趨明確（注五）。

違反商標授權標示之規定，何以利害關係人不得申請撤銷授權之登記，而只能申請撤銷商標專用權，實不知有何理論基礎，本次修法特別將第二十七條「利害關係人」申請撤銷核准之規定予以刪除，似無必要。尤其對於有無利害關係，既已認只是一種資格，案件是否成立，仍

須另行認定，而予以放寬，則何以申請撤銷授權登記，連利害關係人亦不得爲之，理論上似難一貫。此於利害關係人並不想撤銷商標專用權，只想撤銷授權登記之情形應如何處理即無法可循。

第二節　現行商標授權規定之檢討

爲便明瞭現行商標授權制度與修正前商標授權制度，茲先比較其差異如附表:

修　　　正　　　後	修　　　正　　　前
第二十六條　商標專用權人得就其所註册之商品之全部或一部授權他人使用其商標。 　　　前項授權應向商標主管機關登記；未經登記者不得對抗第三人。授權使用人經商標專用權人同意，再授權他人使用者，亦同。 　　　商標授權之使用人，應於其商品或包裝容器上爲商標授權之標示。	第二十六條　商標專用權人，除移轉其商標外，不得授權他人使用其商標。但他人商品之製造，係受商標專用權人之監督支配，而能保持該商標商品之相同品質，並合於經濟部基於國家經濟發展需要所規定之條件，經商標主管機關核准者，不在此限。 　　　商標授權之使用人，應於其商品上爲商標授權之標示。
可任意授權，無限制條件。	原則上不可授權，如須授權，須符合嚴格條件。
以主管機關之登記爲對抗要件。	以主管機關之核准爲生效要件。
明文規定可再授權。	行政解釋不可再授權。
應於商品或包裝容器上爲授權之標示。	應於商品上爲授權之標示。

違反授權標示之規定時，應先通知限期改正，逾期未改正者，始撤銷授權核准登記。	違反授權標示之規定時，不必限期改正，可直接撤銷授權核准。
利害關係人不可申請撤銷授權登記。	利害關係人可申請撤銷授權核准。
明定商標授權之使用人有使用者，可視爲商標專用權人之使用。	以行政解釋認商標授權之使用人有使用者，可視爲商標專用權人之使用。

由附表可知，現行商標法已針對過去不合時宜之商標授權規定予以檢討修正，並放寬限制，大體上尙能符合時宜，配合工商企業之需要，惟仍有若干未盡周延之處。

過去申請商標授權，須符合「他人商品之製造，係受商標專用權人之監督支配，而能保持該商標商品之相同品質，並合於經濟部基於國家經濟發展需要之所規定條件」等規定，固有過於嚴格亟須改進之處，惟其中「他人商品之製造，係受商標專用權人之監督支配，而能保持該商標商品之相同品質」，則是爲保障消費者，以免造成混淆誤認，其立法精神，有所必要，應予維持。所謂能保持商標商品相同品質，是指商標授權之使用人之商品，其品質必須與商標專用權人之商品，保持同一水準以上之品質。立法目的在於發揮商標表彰商品品質之功能，顧及專用權人之商品聲譽，並保護消費大眾之利益。蓋商標專用權人之商品品質若何，主管機關本可不必加以過問，品質之高低充其量只影響商品之價格及市場上銷售競爭之情形，然一旦行銷市面上，則消費者對其品質已產生一定之信賴，尤其是著名商標，更是具有品質保證之機能，相同商標所表彰之商品，自應有一致性，以免欺罔公眾。在商標專用權人自己使用其商標之情形，通常專用權人爲建立其商譽，必會維持其商品品質於一定之水準，甚至努力提高品質，以爭取消費者之信賴，如其不努力

提高品質，則所生產者，爲劣質商品，因只由一家廠商提供，在此情況下，消費者之權益不致受到影響。但是，在商標授權之情形則不然，商標授權之使用人所使用者，爲他人之商標，不似商標專用權人之關切，爲獲取短期間之利潤，極易使用較劣質之商品，將造成同一商標由專用權人使用及由授權使用之人使用，品質不一致之情形，自有未當。故責令商標專用權人對於授權使用之人爲監督支配，以保持商標商品相同之品質，在維持商標之功能及保護消費者權益，仍有其必要。

　　美國商標法關於商標授權，亦係以「品質管制」爲基石，如商標專用權人爲有效之品質管制，則被授權人使用商標之利益，可及於商標專用權人（蘭哈姆法案第五條，本文第二章第二節「商標授權之美國立法例」參照），反之如未爲商品之管制，則商標即有被撤銷之虞。日本商標法雖未明定商標專用權人對於商標授權之使用人必須爲監督支配，但商標授權使用之結果，如致消費者對商品品質產生誤認混淆，且商標專用權人知其情事而不爲相當之注意者，任何人均得依商標法第五十三條之規定，申請撤銷商標專用權。英國商標法第二十八條亦規定，申請商標授權，須於申請書上載明商標專用權人對使用權人監督支配之程度，如有違公共利益，即不予核准。由上述外國立法例可知，外國立法例，對於商標授權並非毫無限制，尤其「品質管制」之精神，於商標授權，仍然予以維持，並且爲商標可以授權他人使用之主要理論依據。本次商標法修正，以「徵諸美、日等國商標法，對於商標授權亦甚少限制」爲由刪除所有商標授權之條件，實有誤解，亦欠周延。

注　釋

注　一　行政院送立法院審議之「商標法修正草案」中，並未將第二十六條至第二十八條及第三十條條文中之「註冊」修正爲「登記」，此爲立法院所修正。查閱立法院公報，八二卷五五期，頁三九～五一，八十二年十月二十日發行）、五九期（上），頁三七～六〇，八十二年十一月三日、六四期，頁五〇～五三，八十二年十一月二十日 及第六五期（上），頁六二～七七，八十二年十一月二十四日等關於「商標法修正草案」審查案之會議紀錄，並無任何何以將「註冊」修正爲「登記」之立法理由可稽。

注　二　參閱大辭典（下冊），頁四四二〇，民國七十四年八月初版，三民書局印行。及辭海（下冊），頁二六七二，民國七十一年十一月大字修訂本臺三十版，臺灣中華書局印行。

注　三　同注二，大辭典（中冊），頁三一七六。辭海（下冊），頁一九九五。

注　四　此所謂再授權，卽指複授權。卽商標專用權人將商標授權他人使用後，被授權使用之人再將該商標授權他人使用之謂。關於代理、委任，如代理人或受任人再以其所代理或受任處理之事務使第三人處理，通常稱之爲「複代理」、「複委任」，故使用「複授權」應更清楚明瞭，且可與商標專用權人將商標於授權張三使用後，再授權李四使用之情形明顯區別。惟爲與法條用語一致，以下仍援用「再授權」。

注　五　修正前商標法第四十六條：對於審定商標有利害關係之人，得於公告期間內，向商標主管機關提出異議。

因認他商標相同或近似於自己之商標，而以第三十七條第一項第六款爲理由提出異議者，以左列人員爲利害關係人：

一、主張他商標有欺罔公眾之虞者，其商標已在我國註冊之商標專用權人。

二、主張他商標有致公眾誤信之虞者，包括其商標已在我國註冊之商標專用權人及未在我國註冊而先使用商標之人。

修正後商標法第四十六條：對審定商標認有違反本法規定情事者，得於公告期間內，向商標主管機關提出異議。

第五章　標章之授權

　　一、修正前商標法共分六章，即第一章總則、第二章商標專用權、第三章註冊、第四章評定、第五章保護及第六章附則。其中關於標章之規定，僅限於服務標章一種，且僅有一條，即第六十七條：「凡非表彰商品之服務標章，其註冊與保護，準用本法之規定」。此種體例，並不妥當，蓋法律條文中規定於附則者，大多為關於程序之規定，如法律之施行日期、過渡條款等是。至涉及本體、實質之規定者，並不適宜列於附則中，且僅以區區一條文規定於附則中，以準用商標法之方式概括規範服務標章，亦有不足。蓋服務標章與商標均為商業上之表徵，為商業上所用之標誌，但前者為表彰無形之服務，後者為有形之商品，二者性質迥異，且所謂服務，範圍為何？除商業上之服務，是否包括非商業性服務，如獅子會、青商會、消費者文教基金會、世界紅十字會等所提供之公益、社會性服務；又附屬的服務，例如購買電器產品，廠商提供之售後服務或將產品送達指定地點之服務，是否包括在內？服務為無形的，服務標章無法像商標一樣使用在所表彰之服務上，則究應如何使用，均有加以明文規定之必要，不宜一概以準用商標之規定，一語帶過，以致適用上發生種種困擾（注一）。

　　茲將近年來有關服務標章之申請情形列表如後，由附表可看出服務標章之使用情形，相當普遍（注二）：

（一）七十六年度至八十一年度申請件數按類別統計

年度 類別 件數	76	77	78	79	80	81
服　1	791	879	919	692	792	777
2	135	129	144	115	133	140
3	133	227	392	162	138	125
4	191	238	199	150	184	172
5	346	323	365	263	291	476
6	668	785	893	746	967	1,538
7	1,160	1,183	1,087	856	1,101	908
8	4,544	2,584	3,253	3,685	3,461	2,332
9	40	174	175	149	175	167
10	102	347	269	207	223	235
11	78	319	445	403	436	388
12	260	1,133	1,351	1,208	1,302	1,705
合　計	8,448	8,321	9,492	8,636	9,203	8,963

（二）七十六年度至八十一年度申請件數及成長率

年　度	申　請　件　數	成　長　率　％
76	8,448	
77	8,321	－1.55
78	9,492	＋14.07
79	8,636	－9.02
80	9,203	＋6.56
81	8,963	－2.61

（三）六十二年度至八十一年度服務標章核准審定數及成長率

年　　度	申　請　件　數	成　長　率　％
62	128	
63	264	＋106.25
64	241	－　8.71
65	258	＋　7.05
66	339	＋　31.4
67	831	＋145.13
68	1,521	＋　83.03
69	1,586	＋　4.27
70	1,744	＋　9.96
71	2,410	＋　38.19
72	2,388	－　0.91
73	4,309	＋　80.44
74	4,660	＋　8.15
75	3,676	－　21.12
76	4,576	＋　24.48
77	5,968	＋　30.42
78	7,877	＋　31.99
79	6,815	－　13.48
80	5,514	－　19.09
81	6,643	＋　20.48

（四）截至八十二年二月止服務標章有效存在數

（按類別分類）

類　　別	件　　數	類　　別	件　　數
1	4,606	7	5,795
2	778	8	18,223
3	992	9	1,106
4	1,196	10	1,791
5	1,941	11	1,991
6	5,545	12	7,246
合　　計	51,210		

（按國籍分類）

國　　籍	件　　數	國　　籍	件　　數
中　　國	45,080	法　　國	300
美　　國	2,656	瑞　　士	185
日　　本	1,024	義　大　利	84
德　　國	206	香　　港	363
英　　國	424	其　　他	873
韓　　國	14		
合　　計	51,210		

　　二、八十二年商標法修正，基於近年來服務業發展迅速，服務標章之註册隨之激增，惟其申請及使用方式與商標頗易混淆，爰將原來第六

章之附則改列於第七章，而將服務標章及新增之證明標章與團體標章合稱爲「標章」，列於第六章專章規範，體例上已無可議，內容亦較周延，以下分別將服務標章、證明標章及團體標章依序說明（注三）。

第一節　服務標章之授權

第一項　服務標章之定義及性質

民國五十九年商標法修正時，已有服務標章之規定（注四），迄未修正，本次商標法已將其定義及使用方法予以明定，以杜爭議。現行商標法第七十二條規定：「凡因表彰自己營業上所提供之服務，欲專用期標章者，應申請註册爲服務標章。」（第一項），「服務標章之使用，係指將標章用於營業上之物品、文書、宣傳或廣告，以促銷其服務者而言。但使用於商品或其包裝容器上有使人誤認係促銷該商品者，不在此限」（第二項）。「服務標章之分類，於施行細則中訂之」（第三項），「類似服務之認定，不受前項分類之限制」（第四項）。依此規定，吾人可分析服務標章之定義及性質如下：

一、服務標章係以服務爲業之人，爲表彰自己所提供之服務，以與他人所提供之服務相區別之標誌。其功能與商標同，均有表彰來源、品質保證、及廣告之功能，惟二者之區別在於商標係表彰有形的商品，而服務標章則係在表彰無形之服務。其服務態樣甚多，無法一一列舉。一般而言，大體有九個態樣（注五），即：

1. 與物的移動有關之服務：例如航空公司、倉庫、運輸等。

2. 與人的移動有關之服務：例如旅行社、飯店等。

3. 與金錢的移動有關之服務：例如銀行業、保險業、證券業及其他金融業。

4. 與資訊的移動有關之服務：例如廣告代理公司、電信、新聞、廣播電視業、出版業等。

5. 以物的借貸為內容之服務：例如器材之出租、房屋之出租等。

6. 以代理行為為內容之服務： 例如會計師事務所 、 代書事務所等。

7. 提供特殊專門技術、勞務之服務：例如印刷業、美容院、洗衣店、不動產業等。

8. 提供休閒、娛樂設施之服務：例如電影 、 戲劇 、 音樂 、 動物園、植物園、遊樂園等。

9. 提供支援教育有關之服務：例如補習班。

依我國商標法施行細則之商品及服務分類表（八十三年七月十五日修正發布施行），則將服務標章分為八類，即：

第三十五類：廣告；企業管理；企業經營；事務處理。

第三十六類：保險；財務；金融；不動產業務。

第三十七類：營建；修繕；安裝服務。

第三十八類：通訊。

第三十九類：運輸；商品綑紮及倉儲；旅行安排。

第 四 十 類：材料處理。

第四十一類：教育；訓練；娛樂；運動及文化活動。

第四十二類：餐、宿之提供；醫療、衛生及美容服務；獸醫及農藝之服務；法律服務；科學及工業之研究；電腦程式設計及不屬別類服務。

此種分類係基於行政管理及審查必要而為之，非謂同一類之服務即屬類似服務，此乃商標法第七十二條第三項及第四項之立法意旨所在。

二、因服務標章係用以表彰無形之服務，無法如商標可直接用於商品或包裝、容器上（商標法第六條第一項參照），故服務標章之使用，

有予以明定之必要，以免與商標之使用相混淆，此乃商標法第七十二條
第二項規定之立法理由所在。

第二項　服務標章之授權 (注六)

服務標章與證明標章及團體標章雖同列於「標章」一章中，但關於
標章之授權，商標法第七十五條係規定：「證明標章或團體標章專用權
不得移轉、授權他人使用，或作為質權標的物。但其移轉或授權他人使
用，無損害消費者利益及違反公平競爭之虞，經商標主管機關核准者，
不在此項」，因服務標章不在本條限制之列，則依同法第七十七條：「服
務標章、證明標章及團體標章除本章另有規定外，依其性質準用本法有
關商標之規定」，自應準用商標授權之規定，惟因服務標章之性質與商
標有所不同，故準用第二十六條時，應為「服務標章專用權人得就其所
註冊之服務，全部或一部授權他人使用其服務標章」（商標法第七十七
條準用同法第二十六條第一項），「前項授權應向商標主管機關登記；
未經登記者，不得對抗第三人。授權使用人經服務標章專用權人同意，
再授權他人使用者，亦同」（準用第二十六條第二項）。「服務標章授
權之使用人，應於其促銷服務之營業上物品、文書、宣傳或廣告上為服
務標章授權之標示」（參照第七十二條第二項服務標章使用之定義，準
用第二十六條第三項）。依前開準用規定，可知服務標章之授權，亦
可任意為之，採登記對抗主義，並可再授權，惟如未經登記而授權他人
使用或違反服務標章授權標示之規定者，分別構成撤銷服務標章授權登
記及撤銷服務標章專用權之法定事由（商標法第七十七條準用同法第二
十七條，及第三十一條第一項第三款）。服務標章專用權使用之人如有
使用者，即可視為專用權人之使用（準用第三十一條第一項第二款），
此與商標之規定同，不再詳述。

由於工商社會競爭激烈，利用服務標章為不當使用致生損害於他人

或公眾者，勢所難免，故本次商標法修正，乃增訂第七十六條：「標章專用權人或其授權使用人以服務標章、證明標章或團體標章為不當使用致生損害於他人或公眾者，商標主管機關得依任何人之申請或依職權撤銷其專用權」。此乃商標授權所無之規定，應予注意。

第二節　證明標章之授權

第一項　證明標章之定義及性質

證明標章是一種很特別的標章，在商標法中被稱為「特別的創造物」（注七），其功能與性質，與一般商標、服務標章或團體標章（注八）完全不同。我國商標法過去向無關於證明標章之規定，本次商標法修正，鑑於具有驗證性質之證明標章，於他國立法例中已有明定，我國則付之闕如，實務上係以服務標章名義註冊，惟二者意義不同，有加以區別另行規定之必要，乃增定商標法第七十三條，予以明確規定，其內容如下（注九）：「凡提供知識或技術，以標章證明他人商品或服務之特性、品質、精密度或其他事項，欲專用其標章者，應申請註冊為證明標章。」（第一項），「證明標章之申請人，以具有證明他人商品或服務能力之法人、團體或政府機關為限。」（第二項）。依此條文之規定，吾人可分析證明標章之性質如下：

一、與商標或服務標章不同，證明標章的功能是在證明，而非表彰商品或服務之來源。詳言之，證明標章是在告知社會大眾，某些商品或服務具備一定之特性、品質、精密度或其他事項，故而證明標章並不具備如商標之表彰商品來源之功能。相反的，證明標章是用在不同之產製主體所提供之商品或服務之上。當證明標章使用於他人之商品或服務上時，主要是在表示該等商品或服務業經證明標章專用權人依其知識或技

術予以審查、測試、評估或依其他方法檢查完竣，並證明該等商品或服務符合特定資格或條件，惟該等條件係由何人所定，則非所問。有可能是證明標章專用權人自己所定的資格條件，也可能是政府機關所公布之規格或私人研究機構所研發之標準。準此，證明標章所表彰者，是他人之商品或服務，並非表彰標章專用權人本身之商品或服務，亦非用以區別某人之商品或服務與他人所提供者有所不同，此點不可不察。

二、商標或服務標章，恆由該商標或服務標章之專用權人（或授權使用人）使用，至證明標章，則係於證明標章之所有人於證明某些商品或服務具有一定資格條件後， 由該商品或服務之提供者據以使用 。 例如家電用品之製造商，於取得經濟部中央標準局所核發之「正」字標記後，將該「正 」 字標記使用於其產製之家電用品上是 。 故吾人可謂: 證明標章雖係屬專用權人所有，但係由他人使用於經證明之商品或服務上。此與商標或服務標章專用權人係以其商標或服務標章使用於自己之商品或服務上有所不同（注一〇）。

三、如前所述， 證明標章之功能與商標或服務標章並不相同， 商標或服務標章係由其專用權人將其使用於自己提供之商品或服務之上；而證明標章則係由專用權人以外之人使於各該他人之商品或服務上，故證明標章專用權人不可將其證明標章使用於自己之商品或服務之上，以免造或社會大眾之誤認誤信。故同一標章同時申請註冊為商標或服務標章，應不予核准（注一一）。

四、證明標章因具有驗證性質，其主體須為消費者所信賴， 故對於註冊申請人之資格應加以限制，以免失之浮濫。故得申請為證明標章專用權人者，以具有證明能力之法人、團體或政府機關為限（注一二）。

第二項　證明標章之授權

證明標章與其專用權人本身具有相結合之關係，且其所證明者，為

他人所提供之商品或服務，爲免誤導一般社會大眾，不宜任意使之分離，因此，商標法第七十五條乃明文規定：「證明標章或團體標章專用權不得移轉、授權他人使用，或作爲質權標的物。但其移轉或授權他人使用，無損害消費者利益及違反公平競爭之虞，經商標主管機關核准者，不在此限。」由前開規定，可知證明標章以不可授權爲原則，而例外於符合法定條件時，方可授權，所稱法定條件，係指：（一）無損害消費者利益及違反公平競爭之虞，（二）經商標主管機關核准。有無損害消費者利益之虞，應視具體個案事實分別認定，至有無違反公平競爭之虞，則可參照公平交易法有關規定及其立法精神認定之。

主管機關之核准既列爲證明標章授權使用之條件，則解釋上，應認爲此一條件爲生效條件，非經登記，不生效力，此與商標授權或服務標章之授權以登記爲對抗條件之情形尚屬有別。又依第七十七條規定：「服務標章、證明標章及團體標章除本章另有規定外，依其性質準用本法有關商標之規定」，所謂準用，並非一律均可準用，須爲性質相當者，始可準用，故證明標章準用商標授權時，應注意以下幾點：（一）證明標章之性質與商標不同，商標法第七十五條既已有明文規定原則上不可授權，且此與商標法第二十六條第一、二項規定，商標基於企業自治原則上可授權、再授權之性質完全不同，故商標法第二十六條第一項及第二項之規定，於證明標章，應無準用之餘地。（二）申請註冊證明標章之主體，依商標法第七十三條規定，既已限定爲提供知識、技術且具有證明他人商品或服務能力之法人、團體或政府機關爲限，則證明標章之授權使用人，解釋上亦須具備此種資格方能貫徹商標法第七十三條之立法本旨。（三）證明標章專用權人與授權使用之人，究屬不同主體，故證明標章授權之使用人亦應於其所證明商品或服務上爲授權之標示，故商標法第二十六條第三項於證明標章應予準用。且維護消費者之權益，證明標章授權之使用人於爲授權之標示後，經其證明之商品或服務，於使

用該證明標章時，亦應將授權之標示一併記載。如有違反，依商標法第七十七條準用同法第二十七條及第三十一條第一項第三款之規定，分別構成主管機關撤銷證明標章授權核准及撤銷證明標章專用權之法定事由。又授權使用之人有使用證明標章者，可視爲專用權人之使用（第七十七條準用第三十一條第一項第二款）。此與商標授權相同。惟因證明標章之授權係以主管機關之核准爲生效要件，故如未經核准而授權他人使用，因其授權無效，自不得以授權使用人之使用視爲專用權人之使用，此與商標授權，縱未經登記，授權使用人之使用，亦可視爲專用權人之使用有所不同。（三）爲避免證明標章之人無限擴大，並貫徹證明標章原則上准授權他人使用之立法意旨，解釋上應認證明標章不可再授權。（四）由於工商競爭激烈，利用標章爲不當使用致生損害於公眾或他人者，勢所難免，故本次商標法修正時，乃增訂第七十六條：「標章專用權人或其授權使用人以服務標章、證明標章或團體標章爲不當使用致生損害於他人或公眾者，商標主管機關得依任何人之申請或依職權撤銷其專用權。」（注一三）此爲商標授權所無之規定，蓋證明標章具有證明、驗證之功能，於現今社會，消費大眾因信賴證明標章進而決定選購該標章所證明之商品或服務者，已成趨勢（注一四），消費大眾之權益，於此情形，有特別加以保護之必要。故證明標章如遭不當使用，致生損害於他人或公眾者，商標主管機關得撤銷其專用權，證明標章專用權被撤銷後，其授權使用核准亦失所附麗，自不得再由授權使用人使用。至何謂不當使用，參照商標法施行細則第四十七條之規定，係指左列情形：

一、證明標章作爲商標或服務標章使用，或專用權人於自己之商品或服務使用該標章。

二、證明標章專用權人對於申請證明之人，予以差別待遇。或未經查驗或明知不合證明條件而同意標示證明標章者。但法令另有

規定者，不在此限。

三、團體標章之使用造成社會公眾對於該團體性質之誤認。

四、違反本法第七十五條之規定而為移轉、授權或設質。

五、違反控制標章使用方式。

六、意圖影射而使用標章。

七、其他不當方法之使用。

第三節　團體標章之授權

第一項　團體標章之定義及性質

由於社會團體活動之蓬勃發展，依不同宗旨而成立之各類公會、協會或類似性質之團體，為表彰其組織或會員，多設計有團體標章，雖此等標章較少涉及利益衝突，惟於他人侵害時，仍有生損害於公眾之虞，亦應予以保護，故本次商標法修正，乃增訂團體標章之註冊於第七十四條：「凡公會、協會或其它（注一五）團體，為表彰其組織或會籍，欲專用標章者，應申請註冊為團體標章」（注一六）。準此，團體標章乃係由公會、協會或其他類似性質之團體所擁有，惟係由其會員所使用，以便表彰該公會、協會或團體，並以之與其他公會、協會或團體所提供之商品或服務相區別。詳言之，團體標章專用權人本身並不將其標章使用於其所提供之商品或服務上，而係由其會員使用，當某人出示團體標章時，可使人馬上知悉該人具某團體之會員資格，並為該團體之會員。例如經營高爾夫球育樂事業之公司，組織一高爾夫球俱樂部，凡具備一定資格者即可入會，並許其使用該俱樂部之標章，則標章之所有權人為公司，使用人為會員，任何人出示該標章時，即可表示其為俱樂部之會員。

團體標章之性質可分析如下:

一、因團體標章係表彰團體及會員資格,故申請團體標章註冊者,僅限於公會、協會或其他團體,一般自然人不得申請註冊。

二、因團體標章之目的非在表彰商品或服務,故團體標章專用權人不可將其標章使用於其提供之商品或服務上;但可採取保護措施以避免其他團體或個人為不法之使用。

三、團體標章之使用,係指由其會員使用,以表明其會員資格,團體標章專用權人通常會出版許多不同種類之印刷品或廣告,如行事曆、住址、姓名錄、公報、雜誌等刊物,並將之作為商標或服務標章之使用置於該等出版品上,以表示團體係該出版品之來源,此種標章之使用並非表彰會員資格,尚非團體標章之使用(注一七)。

第二項　團體標章之授權

團體標章與證明標章同,均與專用權人本身具有相結合關係,不宜任意使之分離,故原則上亦不得移轉或授權他人使用,除非移轉或授權他人使用,無損害消費者利益或違反公平競爭之虞,且經商標主管機關核准者,方得授權。授權後亦應為授權之標示,未經核准而授權者,不生效力,且不可再授權。經核准授權使用者,授權使用之人有使用者,可視為團體標章專用權人之使用。

如授權之結果,　其授權使用人為不當使用致生損害於他人或公眾者,商標主管機關得依任何人之申請或依職權撤銷其團體標章之專用權(商標法第七十五條),有關團體標章之授權,亦依其性質準用有關商標授權之規定(商標法第七十七條),凡此種種,均已於證明標章一節中述及,於此不再贅述。

注　釋

注　一　服務標章註册制度之研究，經濟部中央標準局編印，行政院八十二年度
　　　　研考經費補助案，頁八，民國八十二年五月。

注　二　同注一，頁二二～二五。

注　三　美國蘭哈姆法案第五條規範之對象爲標章（Mark），依同法第四十五條
　　　　之定義條款，係兼指商標、服務標章、證明標章及團體標章，其範圍與
　　　　我國現行商標法同。

注　四　民國五十九年商標法修正草案，經濟部並未將服務標章列入草案內容，
　　　　嗣於立法院經濟委員會審議時，因有臺灣省會計師公會、臺北律師公
　　　　會、中華民國工商協進會、臺北市會計師公會等建議，乃於草案中增列
　　　　服務標章之規定，其間是否有機關、團體針對服務標章先爲深入研究，
　　　　不得而知，惟立法過程相當草率，則無可疑。參閱立法院公報第五十九
　　　　卷第九一期院會紀錄及立法院經濟委員會五十九年八月七日（五九）臺
　　　　立經字第〇七三號函。

注　五　同注一，頁三～四。

注　六　至八十二年止，服務標章授權使用情形如附表。參閱注一，頁二六。

（按類別分類）

類　　別	件　　數	類　　別	件　　數
1	95	7	176
2	13	8	183
3	69	9	13
4	25	10	30
5	19	11	13
6	79	12	108
合　　計		823	

（按專用權人國籍分類）

國　　　籍	件　　　　　　　　　　數
本　國　人	340
外　國　人	483
合　　　計	823

注　七　J. T. McCarthy, *Trademark & Unfair Competition*, §19:32, p. 945. (2d ed 1984).

注　八　有關團體標章之說明，容於下節詳述。

注　九　美國蘭哈姆法案將證明標章，定義如下：證明標章係由證明標章專用權人以外之人用於商品或服務之上，或該標章之使用與該商品或服務有關，以證明他人商品或服務之產地、來源、材料、製造方法、品質、精密度或此等商品或服務之特質，或是證明此等商品或服務上之工作或勞務係由某協會或其他組織之成員所完成者之標章。

Sec. 15. U.S.C. 1127: Certification Mark: The term "Certification mark" means any word, name, symbol, or device, or any combination thereof-

(1) used by a person other than its owner, or

(2) which its owner has a bona fide intention to permit a person other than the owner to use in commerce and files an application to register on the principal register established by this Act, to certify regional or other origin, material, mode of manufacture, quality, accuracy, or other characteristics of such person's goods or services or that the work or labor on the goods or services was performed by members of a union or other organization.

注一〇　（一）申請美國證明標章註册時，實務上，申請人須於申請書上宣誓：

(1) 申請人會適當地控制該標章之使用（或將適當地控制該標章的使用）。

(2) 申請人並未從事於製造或行銷使用該標章之商品或服務（或將來不會從製造或行銷使用該標章之商品或服務）。

（二）我國商標法施行細則第四十三條第一項第二款規定，申請註冊證
明標章者，應於申請書上載明：申請人本身不從事所證明商品之
製造、行銷或服務提供之證明。

注一一 美國蘭哈姆法案第四條（Sec. 4（15 U. S. C. 1054））即規定：除本法另
有規定，自然人、國家、州、自治團體及類似機構等如能合法地控制擬
註冊之標章之使用，即使無工業或商業上之設備，亦得依本法有關商標
註冊之規定，就團體標章及證明標章包括產地標示申請註冊，其註冊之
方法與商標之註冊相同，並產生同一效果。經註冊之團體標章及證明標
章與商標受相同之保護，但若證明標章之使用會令人誤認標章之所有人
或使用人係製造、販賣使用該標章之商品或提供標章所標示之服務時，
不在此限。本條規定之團體標章及證明標章，其申請與程序應盡可能與
商標註冊之規定相符。

SEC. 4 (*15 U.S.C. 1054*). Subject to the provisions relating
to the registration of trademarks, so far as they are applicable,
collective and certification marks, including indications of regional
origin, shall be registrable under this Act, in the same manner
and with the same effect as are trademarks, by persons, and
nations, States, municipalities, and the like, exercising legitimate
control over the use of the marks sought to be registered, even
though not possessing an industrial or commercial establishment,
and when registered they shall be entitled to the protection provided
herein in the case of trademarks, except in the case of certification
marks when used so as to represent falsely that the owner or a
user thereof makes or sells the goods or performs the services on
or in connection with which such mark is used. Applications and
procedure under this section shall conform as nearly as practicable
to those prescribed for the registration of trademarks.

依此規定解釋，若一當事人已於任何商品或服務取得商標或服務標章之
註冊，其對於同一標章即無法取得證明標章之註冊，同理，一註冊之證
明標章其所有人對於該同一標章亦無法取得任何表彰商品或服務之商標
或服務標章之註冊登記。

注一二 美國商標法對於申請註冊證明標章之人，並無資格之限制，惟對於證明
標章之使用，須能予以適當之控制，以免誤導一般社會大眾。

注一三 美國證明標章之註冊得因以下理由隨時被撤銷，這些理由同時也是妨礙
其取得註冊之原因：(1) 不控制或不能適當地控制標章之使用，或 (2)

從事於生產或提供所證明的商品或服務之行為，或(3)准許證明標章用於證明以外之目的，或(4)對某些能為為持其證明標準或條件之人，差別待遇地拒絕為其證明或拒絕為其繼續證明，商標局採納以上撤銷證明標章註冊之理由，作為拒絕其註冊之理由，參看蘭哈姆法案§14(e)，15 USCS§ 1064 (e),及 disscussion of standards for standing to cancel on these grounds in America Auto Asso. v National Auto Asso. (1960, TMTAB) 127 USPQ 423.

注一四　例如貼有「ＳＴ」標章之玩具，極易使消費者相信該玩具符合一定安全條件，進而購買。又如貼有「ＧＭＰ」標章之食品，易使人相信該食品經過檢驗，符合一定之衛生、安全要求是。

注一五　現行法令對於不勝枚舉之事項以「其他」表示者，均使用「其他」，本條稱「其它」，應是誤繕，惟旣經立法通過，本文援引之。

注一六　美國蘭哈姆法案對團體標章之定義如下：團體標章係指由合作機構、社團或其他集合團體或組織之成員所使用之商標或服務標章，並包括用以表示協會、社團及其他組織會員資格之標章。

Sec. 45 (15 U.S.C. 1127) *Collective Mark.* The term "collective mark" means a trademark or service mark–

(1) used by the members of a cooperative, an association, or other collective group or organization, or

(2) which such cooperative, association, or other collective group or organization has a bona fide intention to use in commerce and applies to register on the principal register established by this Act.

注一七　美國商標法採 先使用主義，因團體標章之專用權人 本身並未使用該標章，故申請團體標章註冊時，申請書上必須載明申請人對該標章之使用正行使合法控制，而非載明申請人正在使用該標章，並必須說明該標章係由某一成員首先使用。於 In re Triangle Club of Princeton University,138 USPQ (TTAB) 1963一案，由於申請人未表示其團體標章之使用係由其會員為之,該標章之註冊因而被核駁。參閱 Excerp From Ch. 13 of the Trademark Manual of Examing Procedure.。

第六章　註冊商標應否申請商標授權之抉擇

構成商標專用權被撤 銷之諸多原因 （商標法第三 十一條第一項參照）中，由於商標專用權人之疏於注意而產生者，不乏其例。商標專用權人允許他人使用其商標，僅以私相授權之方式，而疏於向主管機關申請核准，即爲適例。何種情形需申請商標授權核准? 何種情形可不必申請授權? 常令商標專用權人無法辨識。如關係企業或一般之家族企業，彼此間係屬不同之法人主體，但因負責人通常爲相同之人，故彼此間之商標往往互相調用，而不知已違反商標法之規定。又如委託加工，因態樣不一，何者須辦理商標授權，何者不須辦理，並無明確之規定，常常困擾商標專用權人，本章茲就實務上常見之使用註冊商標情形，分別就關係企業、經銷商、代理商、貿易商、委託加工、連鎖經營等各種型態，說明何者須申請商標授權，何者不須申請。

第一節　關係企業

關係企業一詞係近年來隨著經濟發展 ， 企業投資增多而形成之名稱，一般認爲關係企業與企業結合、企業集團、集團企業等名詞的意義是相通的，如國內之「新光集團」、「國泰集團」是 。 至何謂關係企業，則無一定之解釋，眾說紛紜，莫衷一是。有認「關係企業之建立，主要係以投資關係及家族關係爲基礎，而其發生實際作用或關係產生之本質，恐乃在於各分子企業間心理上之認同感，此即由於投資家家族之

連鎖，使得各企業員工間，包括高、中、低各階層產生一種體的認識」
（注一）。「除了股權或投資關係以外，還有建立在業務關係上之集團
企業，如若干個別企業間，由於多年來原料或零件之供應、生產與經
銷、財務及保證等方面創成之關係，也可能使集團內或集團外產生一印
象，認為它們屬於同一集團企業」（注二）。亦有以財稅的角度認為關
係企業是指「二個以上具有控制關係的事業個體，個體可為任何課稅單
位或非課稅單位，個體的型態可為合夥、信託或公司」（注三）。

民國七十年七月初經濟部委託學者賴英照所擬之「關係企業立法草
案」中，對於關係企業，則有如下之規定（注四）：

第一條：公司直接或間接控制他公司之業務經營或人事任免者，公
司與受控制公司相互間為關係企業。

第二條：公司與他公司間有左列情形之一者，其相互間為關係企
業，但公司與他公司經證明無控制關係者，不在此限：

（一）公司持有公司之股份或對他公司之出資超過他公司已發行股
份表決權總數或資本總額半數以上者。

（二）公司與他公司相互投資各達對方股份總數或資本總額四分之
一以上者。

（三）公司與他公司之已發行表決權股份總數或資本總額有半數以
上為相同之股東持有或出資者。

（四）公司與他公司之董事、監察人及總經理有半數以上相同者。

（五）公司與他公司之董事、監察人及總經理有半數以上為配偶或
三親等以內之親屬者。

（六）公司受同一管理機構之指揮監督者。

公司與他公司間之營業或其他法律行為有不合營業常規之安排者，
視為相互間有控制關係。

民國八十年八月經濟部函請行政院送立法院審議之「公司法部分條

文修正草案——關係企業專章立法」，則依第三百六十九條之二將關係企業定義爲：「本法所稱關係企業，指獨立存在而相互間具有下列關係之企業：

1. 有控制與從屬關係之公司。

2. 相互投資之公司。

公司直接或間接控制他公司之人事、財務或業務 經營 者爲控制公司，該他公司爲從屬公司。公司持有他公司有表決權之股份或出資額超過他公司已發行有表決權之股份總數或資本總額半數者爲控制公司，該他公司爲從屬公司。」

另依第三百六十九條之三的規定，「下列兩種型態，推定爲有控制與從屬關係：

1. 一公司與他公司之執行業務股東或董事有半數以上相同者。

2. 一公司與他公司之已發行有表決權之股份總數或資本總額有半數以上爲相同之股東持有或出資者。」

前述關係企業之規定，業經立法院於八十一年六月八日完成一讀程序（注五），惟尚未三讀完成，故現行法，尚無關係企業之規定。

關係企業之型態雖有不同，但控制公司（母公司）與從屬公司（子公司）各爲獨立之公司，分別爲不同之法人主體，則爲同一。公司係以營利爲目的，依公司法組織、登記、成立之社團法人（公司法第一條），雖然是由股東組織而成，但法律上賦與其獨立之人格，得單獨享受權利、負擔義務。因此，即令關係企業彼此間有何種密切之關係，因彼此間仍分屬不同之法律人格，故關係企業間有使用商標專用權之必要者，仍須辦理商標授權，如爲私下互相同意使用商標而未向商標主管機關申請授權登記者，其授權不得對抗第三人，且其商標專用權，依商標法第三十一條第一項第三款之規定，得由主管機關依職權或據利害關係人之申請撤銷之。實務上常見關係企業（母子公司）之負責人爲同一人，其

以母公司之名義申請之商標專用權，因業務上之需要，須由子公司使用時，多疏於辦理商標移轉手續或申請商標授權，此種情形，雖公司負責人為同一人，但因母子公司各為不同之法律人格，如未依法申請授權，仍屬違反商標法之規定，此影響商標專用權益甚鉅，業者不可不察。

另應注意者，分公司乃受本公司管轄之機構（公司法第三條）（注六）。從而，分公司本身並不具有獨立人格，不能為權利義務主體。實務上為應事實之需要，認分公司就其營業範圍內所生之事件，得以自己名義起訴、應訴，此乃為訴訟便利而設，並不因此即表示分公司具有法人資格。因此，分公司使用總公司之商標，自可不必申請商標授權。

第二節　經銷商、代理商

製造商指定某一特定人為經銷商（Distributor），雙方基於彼此同意的基本契約，約定繼續性地供給一定商品之契約，稱之為經銷契約（Distributoriship Agreement）（注七）。

我國民法債篇第二章各種之債中，並無經銷商契約之規定，故經銷商契約為無名契約，其最主要內容是以買賣為重心，賦與經銷商一定商品之販賣權，對於有名廠商及優良商品，使其在一定區域內販賣之，賣主與經銷商（買主）間之每件交易買賣，均以繼續性基本契約為標準原則，有類民法買賣契約中之繼續性供給契約（注八），但其內容除此之外，通常尚包括商品廣告宣傳活動、市場調查及商品之售後服務等，故性質上亦非僅止於一般之買賣契約（注九）。

我國商業實務上，常與經銷商契約用語混淆不清，難於區別者，為代理上契約（Agency Agreement），有時 Distributor 亦常被譯為「代理商」，將 distributor 及 agent 同時稱呼「代理商」者，不乏其例。按代理制度，依民法之規定，是指代理人（agent）於代理權限內，

以本人（principal）之名義所爲之意思表示，直接對本人發生效力之謂（民法第一百零三條），在經濟機能上，經銷商與代理商相異之處，約可分述如下（注一〇），惟此項分析乃大致性如此，尙非絕對。

（一）在自己的危險和計算下，自賣主購入商品，將之轉賣給別人的，是經銷商；若依本人即賣主之危險和計算下，將商品轉賣他人，而自本人收取佣金者，爲代理商。易言之，經銷商係以自己之資金將商品購入，以有資金爲前提，但代理商是覓尋有力顧客，多半不須自己具備資金。

（二）經銷商是以經銷爲專業，爲應顧客需要，隨時須準備存貨，同時也有自己之販賣組織。而代理商則無準備存貨，僅有樣品，依訂單再進貨。因此經銷商需要較多的人員，而代理商則只要有有力顧客引導即可。

（三）需售後服務時，經銷商需自行負責，代理商通常則不必自行負責而指定修理業者爲之。

（四）廣告、宣傳活動，經銷商係以自己名義獨立爲之，而代理商在大部分情形均以本人之名義爲之。

（五）商品之瑕疵擔保責任，經銷商多由自己承擔，而代理商一般是不負責任而仍由本人承擔。

（六）代理商在法律上通常被看做本人之代理人，從而代理商所在地之法院，對本人有審判管轄權。

依上述經銷商及代理商契約之區別觀之，賣主當然希望訂立能分擔職務和責任之經銷商契約，但是，在經濟基礎較弱之國家或地域，不易找到有力之經銷商，故代理商仍有其存在之價值（注一一）。代理商契約因有民法關於代理之制度可循，與經銷商有別，但二者基本上同是推展及銷售商品，其內容頗爲相似，故實務上在稱呼時，常無法嚴格區別，故在決定其性質時，不應依字面意義爲斷，而應從法律上、經濟上

如所有權已否移轉、風險負擔、為何人計算、以何人名義作成交易及有無佣金給付等實質內容加以判斷。

如前所述，經銷商契約之重心在於賦與經銷商一定商品之販賣權，使之對於有名廠牌之優良商品得在一定區域內販賣之，而代理商則係以本人名義，代其銷售商品，因此，不問是經銷商或代理商，同是推展及銷售他人已製成之商品，其所出售者，原即為原廠商品，僅係將商品發生由一手轉於另一手之效果，對於商品之品質，並無變更，故無申請商標授權之必要。

第三節　貿易商

貿易商乃指經營貨品或附屬於貨品之智慧財產權之輸出入行為及有關事項之公司或行號而言（注一二）。貿易商主要之業務，係進出口貿易及代理國內外廠商各種產品之報價、投標、經銷等服務，與經銷商或代理商同，其本身並未製造商品，僅係代理商品之進出口及報價、投標而已，因依商標法之規定，被授權人須有製造之行為，故貿易商進出口他人商標商品時，並未改變商品之品質，消費者所購買者，仍為原廠商品，自無申請商標授權之必要。

「貨品輸出管理辦法」第十三條規定，廠商輸出貨品、使用他人之註冊商標者，須檢附商標專用權人同意之證明文件（注一三）其所指之證明文件，似指同條第二項所稱載明同意使用商標之商品類別，註冊號碼等可資證明之文件，而非指經商標主管機關載明核准授權登記之證明文件，此種異於商標法第二十六條所定關於商標授權之同意書，嚴格而言，實已構成未經商標主管機關登記而私自授權他人使用商標之情形，依商標法第三十一條第一項第三款之規定，該註冊之商標專用權，即有被撤銷之虞。其實，貿易商如僅代理進出口商標商品，而未製造或變更

商品之品質，即無申請商標授權之必要，亦無同意使用商標可言。

第四節　委託加工

此可分三種情形加以說明：

（一）商標專用權人委託他人代爲加工商品，並指示其代爲在商品上或包裝容器上貼附商標，再交還該委託之商標專用權人，此種情形，使用商標之人仍爲原專用權人，故可不必辦理授權登記。國內廠商代國外客戶加工產品，在加工之後，將該產品交由國外客戶自行銷售，由於國內廠商加工製成成品後，外商無法以自己名義在臺灣辦理輸出，必須由國內廠商以其名義辦理出口，而以國外委託人爲收貨人，委託人再以自己名義在國外行銷，此種交易行爲，商品所有權屬國外委託人所有，國內廠商只是收受加工費用而已，並無自己行銷之目的，與商標法第六條所定商標使用之情形有別，因此，並不必辦理商標授權（注一四）。

（二）前述情形，如接受委託加工之廠商於加工後，以其名義自行銷售商品，此已構成使用他人之註冊商標，自應依法辦理授權登記。

（三）廠商向他人購買或自國外進口商品之零件或組件，再經自行加工、裝配成成品，因商品之品質，與其使用之原料、配方組件及其製造、加工與裝配之技術不無相關，故廠商以他人之零件或組件加工成品，而仍使用其原商標者（此與前述二種委託加工之情形略有所異），屬於使用他人之商標，須依法申請授權登記。經濟部（六五）商第二六〇〇〇號決定書略謂爲保障商標專用權人及消費者之利益，並促進工商業正常發展，我國廠商自外進口零件或組件，自行裝配成品，自不得使用其中零件或組件之註冊商標於該成品，可爲參考（注一五）。

第五節　連鎖經營

　　民國七十年代以來，連鎖商店在國內已蔚成風氣，除了早期已建立之連鎖店，如義美食品、三商百貨等不斷擴充其店數外，接二連三地又有許多廠商加入連鎖的行列，諸如三上快速沖印、芳鄰餐廳、時時樂、統一超商、美國麥當勞（McDonald's）等是，連鎖經營之方式，已為現代行銷、經營之趨勢。連鎖經營所經營之項目，或為商品之提供，或為服務之提供，或二者兼而有之，其特點在於各連鎖店具有共同樣式之招牌和商標（或服務標章），店中貨品之陳列，商店之裝潢及銷售之方式，大致相同，甚至員工之穿著，亦完全一樣，在此種特點之下，消費者對於何者為經銷商、製造商、代理商、總公司、分公司，已無法輕易辨識。由於連鎖經營之特徵之一，即在於使用共同之商標，因之，何種型態之連鎖經營須辦理商標授權，何種型態可不必辦理商標授權，即有加以分辨之必要。

　　一般對連鎖經營之分類，並無定論，本文乃採較通俗之分類，將其歸類如下，並說明其應否申請商標授權（注一六）。

　　（一）所有權連鎖，或稱公司連鎖、直營連鎖（Corporate Chain or Regular Chain ——簡稱 R.C.）

　　根據行銷學者 Ronald Gist 之定義，所有連鎖是指「共有及控制二家或二家以上之零售店，在這些零售店中銷售相同之商品，有統一採購及銷售活動，也可能有一致的商店佈置及風格」。與其他型態之連鎖店比較，所有權連鎖因係同一公司所有，因此控制力最強。又所有權連鎖有一決策單位負責決定各種連鎖店之商品種類，集中採購以爭取數量折扣，並將產品運送到各連鎖店，訂立商品價格、決定銷貨政策、確定統一之推廣方案以及採取統一之商店佈置，以增強消費大眾對連鎖店之

形象，採取所有權連鎖之例子，如三商百貨、海霸王餐廳及新東陽食品等是。

所有權連鎖之經營，因各連鎖店屬同一公司所有，並非各爲獨立之主體，商品之供應或服務之提供，皆由公司統籌，因此，可以不必申請商標授權。

（二）自願連鎖（Voluntary Chain, 簡稱 V.C.）

一般而言，自願加盟連鎖店泛指加盟的各分子，其資本所有權保持獨立，並不屬於連鎖體系總部，而爲獨立的自營商店，自願加盟連鎖店的擴展，乃是獨立的自營商店感到公司組織連鎖體系或大型百貨公司的市場競爭，危害他們的生存條件，或爲獲取大規模零售的利益、降低營業成本，於是仿照公司組織之連鎖商店，由多數獨立商店結合而成一連鎖體系，而由統籌規劃之連鎖總部來負責所有廣告、採購、陳列設計、促銷活動。

自願加盟連鎖店或爲獨立之商店自動聯合而成，或爲製造商、批發商居於市場滲透策略而發起，　其彼此間有多方合作的權利義務關係，而以契約爲權利 、 義務之基礎憑藉 ， 規定連鎖總部與各分子連鎖店（Franchised Unit, 即加盟店之義）所必須遵循之事宜，包括商標之使用、商品計畫、 教育訓練、 組織發展等， 是以又稱爲契約連鎖（Contract Chains）， 這一類型之連鎖型態，例如味全加盟店是。

自願加盟連鎖店因是多數零售商店之加入、資本獨立，在維持獨立性之下締結之繼續性之契約關係，各加盟店經營之主權在於各店主、營業利益也屬於各店本身，其各加盟店間雖使用共同之商標，但通常商標專用權人（連鎖本部）並未完全供應各加盟店所出售之商品，因此，各加盟店使用他人商標之情形，應辦理商標授權，責令授權人應於商品之品質或服務之水準爲嚴格之監督支配，方得有效保障一般消費大眾之權益。

（三）特許連鎖（Franchise Chain 簡稱，F.C.）

英文 "Franchise" 依歷史學者之說法，是指「賦與選舉權」之意，因此將之定義爲「權利與特權」之取得（注一七）， 在此是指依據契約，被授權人（Franchisee）得依一定條件， 於特定區域內銷售授權人之產品，使用其產品上之商標、營業名稱 、營業標誌及服務方式等之謂（注一八）。特許連鎖在國內發展極爲普遍， 如黑面蔡楊桃汁、福樂奶品、統一超級商店及麥當勞漢堡等，皆屬之。

特許連鎖的各店經營主權及營業利益，均在特許契約所訂範圍內，其中連鎖本部之（如美國之麥當勞公司）收入來源， 大致有技術報酬費、商標權利金、器具、設備之租金、供給材料及原物料之收入與經營管理之顧問費等。在特許連鎖制度下，連鎖本部通常應向其加盟店（如臺灣麥當勞民生店是）提供下列服務： 一、准予加盟店商品名稱及商標（含服務標章）。二、提供經營方法。三、從事宣傳廣告及促銷活動。四、協助店舖位置選擇及有關營業困難之解決。

特許連鎖經營可謂兼具有直營連鎖與自願加盟連鎖之特點，各連鎖店都使用同一商標，惟商標專用權屬連鎖本部所有，因各連鎖店與連鎖本店通常爲獨立之主體，故各連鎖店使用連鎖本店之商標，須申請商標授權。

（四）協合（合作）連鎖（Co-operate Chain, 簡稱 C.C.）

此是由許多小零售商 處於外在同 業競爭與內 在採購成 本驟增壓力下，所發展之連鎖型態，此種連鎖店是由許多小零售商共同出資組合而成，這些加盟零售店都是整個連鎖體系的股東之一，公司所有權是分散的，也是由連鎖中心負責採購進貨、聯合廣告及管理服務。

連鎖總部與加盟店間的主要關係乃在於股權之擁有，共同連鎖體系的加盟分子在加盟時，大多需要繳交資本，做爲入股之條件，故每一加盟分子皆屬整個體系之股東，臺灣目前的青年商店股份有限公司，即採

行此種制度，由總公司採購商品，並將底價告知加盟店，總公司則採取象徵性之服務費。

由零售業所組成之共同連鎖店，其營業項目，大多爲各種廠牌之商品，如青年商店售有味全味精、黑松汽水等雜貨用品，此等商品之來源，通常係由味全公司、黑松公司分別供應青年商店連鎖總部，由總部再供應各加盟店，因此，加盟店只是銷售各種商品，並未參與商品之製造，自可不必申請商標授權。就「青年」商店之「青年」服務標章而言，因各加盟店並非獨立之主體，皆爲青年商店股份有限公司之分枝，故亦可不必申請商標授權（注一九）。

由以上分類可知，一般所指「連鎖經營」、「連鎖店」或「加盟店」，乃臺灣近幾年來泛稱之名詞，其具體內容及意義，仍須視當事人間之契約方可判斷，因此，於決定連鎖經營應否申請商標授權時，亦須以具體之內容爲斷。惟大體言之，授權人（即連鎖本部）與被授權人（即各加盟之連鎖店）如屬不同之法人主體，在使用商標或服務標章時，即須申請授權，以保護消費大眾之權益，反之，如授權人與被授權人爲相同之法人主體，因所表彰者爲同一來源之商品或服務，自可不必申請商標授權。

注　釋

注　一　許士軍，研究集團企業問題的意義，載於臺灣區集團企業研究，六十一年版，序言，民國六十一年五月，轉引自林素蘭撰，關係企業中母公司及其負責人之責任問題，國立政治大學法律系研究所碩士論文，頁五，民國七十二年六月。

注　二　許士軍，集團企業的管理與其社會經濟意義，載於臺灣區集團企業研究，六十三年版，序言，民國六十三年八月，轉引自林素蘭撰，同注文，頁五～六。

注　三　李榮昇，關係企業課稅問題之研究，國立政治大學財稅研究所碩士論文，頁一，民國六十四年六月。

注　四　參閱賴英照，關係企業法律問題及立法草案之研究，載於中興法學，一八期，頁九一～九二，民國七十一年三月。

注　五　立法院公報初稿，八九會期第八二卷，頁一～九，民國八十一年六月九日出版。

注　六　我國公司法第三條第二項規定：「本法所稱本公司，為公司依法首先設立，以管轄全部組織之總機構。所稱分公司，為受本公司管轄之分支機構」。

注　七　樊仁裕編，國際商務契約顧問全書（上冊），拓遠顧問叢書，頁一六八，民國七十一年三月。

注　八　所謂繼續性供給契約，乃當事人約定，一方於一定或不定之期限內，向他方繼續供給一定種類、品質、定量或不定量之物品或品質，而由他方按一定之標準支付價金之契約。

注　九　有認我國民法與經銷商契約可能有關之規定為：第五百二十八條之委任、第五百五十八條之代辦商及第五百七十六條之行紀等，關於買賣之部分，準用第三百四十五條買賣之規定，則無疑問，參閱孔令芬撰，維持轉售價格之研究，國立臺灣大學法律研究所碩士論文，頁七三，民國七十四年七月。

注一〇　樊仁裕編，前引注七書，頁一七〇～一七一。

注一一　同注一〇書，頁一七一。

注一二　此定義係參考民國八十二年二月五日制定公布之「貿易法」第二條規定而來。其條文為：

「本法所稱貿易，係指貨品或附屬於貨品之智慧財產權之輸出入行為及有關事項。前項智慧財產權之範圍，包括商標專用權、專利權、著作權及其他已立法保護之智慧財產權在內。」

注一三　貨品輸出管理辦法第十三條：

出口人依第十一條規定向貿易局或依第十二條規定向出口簽證單位辦理標示商標報核時，應依左列情形，分別檢附有關文件辦理之：

一、標示已在中華民國註冊之商標，應檢附商標專用權人同意之證明文件及商標註冊證影本。

二、標示已在輸入國註冊之商標，應檢附輸入國商標專用權人同意之證明文件及商標註冊證影本。

三、標示在中華民國及輸入國雙方均已註冊之商標，應檢附雙方商標專用權人同意之證明文件及商標註冊證影本。但該商標在一方註冊或使用在先，足認其非侵害他方商標專用權者，得免附他方同意之證明文件及商標註冊證影本。

四、標示未在中華民國與輸入國註冊之商標，應檢附進口商指定標示該商標及願負一切責任之聲明文件，或原商標專用權人同意出口人標示及願負一切責任之聲明文件。

前項同意文件，應載明同意標示商標之商品類別、註冊證號碼及其他必要事項。

出口人輸出免證且屬非特定貨品項目，應於貨品輸出前取得第一項之文件，並自報關出口日起保存二年。

注一四　接受他人委託製造商品，而後打上已註冊之商標圖樣，亦屬委託加工。

注一五　蘇良井先生對於經委託加工、裝配或配方之商標商品，何種態樣需辦理商標授權，何種態樣不需辦理商標授權，曾提出幾種處理原則，與前述情形大抵相同，茲列舉如下，以供參考：

一、商標專用權人委託他人為其商標商品加工、裝配或配方，而於其產品上不標示該加工、裝配或配方廠商的公司、工廠或商號名稱，而仍由委託之商標專用權人銷售該商標商品者，得免辦理商標授權。

二、商標專用權人委託他人為其商標商品加工、裝配或配方，而於其產品上不標示該加工、裝配或配方廠商的公司、工廠或商號名稱，但由該加工、裝配或配方的廠商銷售該商標商品者，便應依法辦理商標授權。

三、商標專用權人委託他人為其商標商品加工、裝配或配方，而於其產品上標示該加工、裝配或配方廠商的公司、工廠或商號名稱，但是由委託之商標專用權人銷售該商標商品者，可不辦理商標授權。

四、商標專用權人委託他人為其商標商品加工、裝配或配方，而於其產品上標示該加工、裝配或配方廠商的公司、工廠或商號名稱，且由該加工、裝配或配方廠商銷售該商品者，即應依法辦理商標授權。參閱蘇良井，從統一蘋果麵包事件談商品標示，商標使用與授權，工業半月刊，第一六○期，頁五，民國七十五年十月十日。

注一六 李枝璧撰，連鎖體系零售商甄選作業及評估之比較，臺大商學研究所碩士論文，頁二四三，民國七十三年六月。關於連鎖經營之各種分類，可參閱徐國宏撰，連鎖店管理情報系統設計研究——糕餅食品連鎖店個案實證研究，文化大學企業管理研究所碩士論文，頁一一～一七，民國七十二年六月。聯手經營話連鎖，經濟日報，民國七十二年十月十日，第十一版。許愷撰，臺灣地區連鎖經營管理之研究分析，文化大學企業管理研究所碩士論文，頁四七～七三，民國七十年七月。

注一七 林加添，特許經銷制度之研究，成功大學工業管理研究所碩士論文，頁二一，民國六十九年五月。

注一八 戴照煌，從麥當勞談特約經營權，中國論壇，二○七期，頁四四，民國七十三年四月。又 "Franchise" 一字，依 *Black's Law Dictiionary* 之定義，則解為: Franchise: -A special privilege conferred by government on individual or corporation, and which does not belong to citizens of country geneally of common right. -A privilege granted or sold, such as to use name or to sell products or services. The right given by a manufacturer or supplier to a retailer to use his products and name on terms and condions mutually agreed upon. In its simplest terms a franchise is a license from owner of a trademark or trade name permitting another to sell a product or service under that name or mark… See *Black's Law Dictionary* Fifth Edition, at 592 (1979).

注一九 青年商店為提供各種日常用品之服務之商店，故「青年」二字，可為服務標章，至「青年」二字是否已申請服務標章，則非本文討論之重點。

第七章 結 論

　　商標之授權他人使用，乃是商業發達之必然現象，尤其是大企業之
對外投資、技術合作，以及世界性大貿易商等，其商品皆須使用業已富
有盛譽之商標，始能開拓並保持其市場。對於被授權人而言，能引進新
的優良技術、吸取經驗，以較少資本、較短之時間，使其商品打入市
場，形成其銷售網，鞏固事業基礎，進而自力更生，終而提升我國工業
技術、拓展貿易。雖然商標授權有其不可避免之缺點，但其積極意義，
仍不容忽視。

　　我國商標法在民國四十七年以前，並無任何關於商標授權之規定，
任聽當事人自行決定，可以說是商標授權之自由時期，至四十七年十月
修正商標法時,始增訂有關商標授權之規定,其中第十一條第三項規定:
「商標專用權人，除移轉其商標外，不得授權他人使用其商標。但他人
商品之製造，係受商標專用權人之監督支配，而能保持該商標商品之相
同品質，並合於經濟部基於國家經濟發展需要所規定之條件，經商標主
管機關核准者，不在此限。」商標授權至此見諸明文，其中規定商標授
權須符合國家經濟發展所需之條件，則為世界立法例所罕見。前開商標
授權制度沿用三十逾年，至八十二年商標法修正時，始為全盤修正，大
幅放寬，其修正條文為：「商標專用權人得就其所註冊之商品之全部或
一部授權他人使用其商標。前項授權應向商標主管機關登記；未經登記
者不得對抗第三人。授權使用人經商標專用權人同意，再授權他人使用
者，亦同。商標授權之使用人，應於其商品或包裝容器上為商標授權之
標示。」已將過去不合時宜之限制，予以廢止，可謂進步之立法，頗能

因應工商企業之需要，惟仍有幾點值得商榷。

一、商標授權，是商標專用權人，將其所有之註冊商標，在一定條件下，允許他人使用於同一或同類商品上之法律行為，其本身仍擁有商標專用權，此乃權利之使用收益，自得任意為之。惟商標必須表彰於商品之上、行銷市面，始能表現其功能，相同之商標所表彰之商品，必須保持同一水準之品質，消費者方得因對於商標之信賴，而購得期待之商品品質，因此，商標專用權人授權他人使用其商品時，必須恪遵「品質保證」之原則，使被授權人在授權契約下所完成之商品，與其本身所完成之商品，保持同一水準以上之品質，如此，消費者方得不受欺罔，商標法允許商標授權之精神，即不致被違背，故「品質保證」之原則，可謂商標得授權他人使用之理論基礎所在。修正前商標授權之規定因過於嚴格，固有加以修正之必要，但其中「他人商品之製造，係受商標專用權人之監督支配，而能保持該商標商品之相同品質」乃是維持「品質保證」原則之規定，過去實務上規定須事先審查固亦有可議，惟其精神，則應予以維持。本次修法，未對「品質保證」為任何之規定，於發生商標專用權人之商品與授權使用人之商品品質不一致，致消費者權益受損時，應如何處理，即無法可循。本次修法以商標專用權人對於商標之維護較諸任何人更為關切，對於授權使用該商標商品之品質，亦必嚴加監督，以免影響其商譽為由，未對「品質保證」為任何規定，恐不周延，蓋不顧商譽，僅靠收取授權費用營利之商標專用權人，亦不乏其例。另修正理由以「徵諸美、日立法例，對商標授權亦少限制為由刪除所有限制，亦有未當，蓋美國、日本商標法對於商標授權後之商品品質問題，亦有規範，非全無限制。為貫徹保障消費者利益之立法目的（商標法第一條參照），本文建議參考日本商標法第五十三條之立法例，增訂商標法第三十一條第一項第五款，明定：「商標授權後，使公眾對商品之品質產生誤認誤信者」。有此規定，方得責令商標專用權人對商標授權使

用人之商品爲必要之注意，使保持相同水準以上之品質，以確保消費者之權益。至何謂相同水準以上品質，本文第三章第二節第二項已有論述，於此不再贅述。

二、違反商標授權標示規定者，依第二十七條規定尚不可由利害關係人申請撤銷授權核准。惟商標於市場上使用情形態樣繁多，主管機關不可能隨時掌握瞭解，故透過利害關係人之申請以促主管機關查證，應有必要，蓋利害關係人必較主管機關明瞭商標授權後之授權標示情形，故由其申請撤銷授權核准，應無不許之理，爲此，本文乃建議修正商標法第二十七條爲：「違反前條第三項規定，經商標主管機關依職權或據利害關係人之申請，通知限期改正，逾期不改正者，應撤銷其商標授權登記。」

三、爲求文字用語一致，第三十一條第一項第三款「註册」一詞，應修正爲「登記」、第七十四條「其它」一詞，應修正爲「其他」。

附 錄 一

商 標 法

中華民國八十二年十二月二十二日公布

第一章 總 則

第 一 條　為保障商標專用權及消費者利益，以促進工商企業之正常
　　　　　發展，特制定本法。

第 二 條　凡因表彰自己營業之商品，確具使用意思，欲專用商標者，
　　　　　應依本法申請註冊。

第 三 條　外國人所屬之國家，與中華民國如無互相保護商標之條約
　　　　　或協定，或依其本國法令對中華民國人申請商標註冊不予
　　　　　受理者，其商標註冊之申請，得不予受理。

第 四 條　在與中華民國訂有相互保護商標條約或協定之國家，依法
　　　　　申請註冊之商標，於首次申請日翌日起六個月內向中華民
　　　　　國申請註冊者，得主張優先權。
　　　　　依前項規定主張優先權者，應於申請註冊同時提出聲明並
　　　　　於申請書中載明在外國之申請日，申請案號數及受理該申
　　　　　請之國家。申請人應於申請之日起三個月內檢送經該國政
　　　　　府證明受理之申請文件；未於申請時提出聲明或逾期未檢
　　　　　送證明文件者，喪失優先權。

第 五 條　商標所用之文字、圖形、記號或其聯合式，應足以使一般
　　　　　商品購買人認識其為表彰商品之標識，並得藉以與他人之
　　　　　商品相區別。

凡描述性名稱、地理名詞、姓氏、指示商品等級及樣式之
文字、記號、數字、字母等，如經申請人使用且在交易上
已成爲申請人營業上商品之識別標章者，視爲具有特別顯
著性。

第　六　條　本法所稱商標之使用，係指爲行銷之目的，將商標用於商
品或其包裝、容器、標帖、說明書，價目表或其他類似物
件上，而持有、陳列或散布。

前項業務由經濟部專責機關辦理。

商標於電視、廣播、新聞紙類廣告或參加展覽會展示以促
銷其商品者，視爲使用。

第　七　條　本法所稱商標主管機關，爲經濟部。

前項業務由經濟部專責機關辦理。

第　八　條　本法所稱利害關係人，係指該商標之註册對其權利或利益
有影響之關係者。

第　九　條　申請商標註册及處理有關商標之事務，得委任商標代理人
辦理之。

在中華民國境內無住所或營業所者，申請商標註册及處理
有關商標之事務，應委任商標代理人辦理之。

商標代理人，如有逾越權限，或違反有關商標法令之行
爲，商標主管機關得通知限期更換；逾期不爲更換者，以
未設代理人論。

商標代理人，應在國內有住所，其爲專業者，除法律另有
規定外，以商標師爲限。商標師之資格及管理，以法律定
之。

第　十　條　商標代理人，除委任契約另有限制外，得就關於商標之全
部事務爲一切必要之行爲。但對商標專用權之處分，非受
特別委任不得爲之。

商標代理人有二人以上者，除申請人向商標主管機關陳明
其代理行爲應共同爲之外，均得單獨爲代理行爲。

商標代理人之委任、更換，委任事務之限制、變更，或
委任關係之消滅，非經商標主管機關登記，不得對抗第三
人。

第 十 一 條　商標主管機關對於居住外國及邊遠或交通不便地區之當事
人，得依職權或據申請，延展其對於商標主管機關所應爲
程序之法定期間。

第 十 二 條　商標主管機關就其依本法指定之期間或期日，因當事人之
申請，得延展或變更之。但有相對人或利害關係人時，除
顯有理由或經徵得其同意者外，不得爲之。

第 十 三 條　關於商標之申請及其他程序，延誤法定或指定之期間者得
予以駁回。但因不可抗力或不可歸責於該當事人之事由，
經查明屬實者，不在此限。

前項但書情形，應自延誤之原因消滅後三十日內，以書面
詳載事實與其發生及消滅之日期，向商標主管機關聲明，
並同時補辦其延誤之程序。

第 十 四 條　本法所定各項期間之起算，以書件或物件送達商標主管機
關之日爲準；如係交郵，以交郵當日郵戳爲準。

第 十 五 條　商標主管機關之書件無法送達時，應刊登於商標公報，並
自公開發行滿三十日視爲送達。

第 十 六 條　商標註冊及其他關於商標之各項申請，應於申請時繳納規
費。

商標規費之數額，由商標主管機關定之。

第 十 七 條　商標主管機關應刊行公報，登載註冊商標及關於商標之必
要事項。

第 十 八 條　商標主管機關應備置商標註冊簿，登載商標專用權及關於
　　　　　　商標之權利及法令所定之一切事項。

　　　　　　凡經核准註冊之商標，應發給註冊證。

第 十 九 條　商標審定或註冊事項之變更應向商標主管機關申請核准。

　　　　　　商標圖樣及其指定之商品，不得變更，但指定商品之減縮
　　　　　　不在此限。

　　　　　　前項經核准變更之事項，應刊登商標公報。

第 二 十 條　商標主管機關對請求發給有關商標之證明、摹繪圖樣，查
　　　　　　閱或抄錄書件之申請，除認爲須守密者外，不得拒絕。

第二章　商標專用權

第二十一條　商標自註冊之日起，由註冊人取得商標專用權。

　　　　　　商標專用權以請准註冊之商標及所指定之商品爲限。

第二十二條　同一人以同一商標圖樣，指定使用於類似商品，或以近似
　　　　　　之商標圖樣，指定使用於同一商品或類似商品，應申請註
　　　　　　冊爲聯合商標。

　　　　　　同一人以同一商標圖樣，指定使用於非同一或非類似而性
　　　　　　質相關聯之商品，得申請註冊爲防護商標。但著名商標不
　　　　　　受商品性質相關聯之限制。

　　　　　　前二項商標申請註冊時，其已註冊或申請在先者爲正商標；
　　　　　　同時提出申請者，應指定其一爲正商標。

　　　　　　商標種類之變更以不違反前三項規定爲限，得向商標主管
　　　　　　機關申請核准。

第二十三條　凡以普通使用之方法，表示自己之姓名、商號或其商品之
　　　　　　名稱、形狀、品質、功用、產地或其他有關商品本身之說
　　　　　　明，附記於商品之上者，不受他人商標專用權之效力所拘

束。但以惡意而使用其姓名或商號時，不在此限。

在他人申請商標註册前，善意使用相同或近似之商標圖樣於同一或類似之商品,不受他人商標專用權之效力所拘束;但以原使用之商品爲限; 商標專用權人並得要求其附加適當之區別標示。

附有商標之商品由商標專用權人或經其同意之人於市場上交易流通者， 商標專用權 人不得就該商品主 張商標專用權。但爲防止商品變質、受損或有其他正當事由者，不在此限。

第二十四條　商標專用期間爲十年，自註册之日起算。聯合商標及防護商標之專用期間，以其正商標爲準。

前項專用期間，得依本法之規定，申請延展，每次延展以十年爲限。

第二十五條　申請商標專用期間延展註册者，應於期滿前一年內申請。

前項申請之核准，以該商標註册指定商品內實際使用之商品爲限。其有左列情形之一者，不予核准:

一、有第三十七條第一項第一款至第八款情形之一者。

二、申請延展註册前三年內，無正當事由未使用者。但有聯合商標使用於同一商品，或商標授權之使用人有使用者，不在此限。

第二十六條　商標專用權人得就其所註册之商品之全部或一部授權他人使用其商標。

前項授權應向商標主管機關登記; 未經登記者不得對抗第三人。授權使用人經商標專用權人同意，再授權他人使用者，亦同。

商標授權之使用人， 應於其商品或包裝容器上爲商標授權

之標示。

第二十七條 違反前條第三項規定，經商標主管機關通知限期改正，逾期不改正者，應撤銷其商標授權登記。

第二十八條 商標專用權之移轉，應向商標主管機關申請登記，未經登記者，不得對抗第三人。

受讓人依前項規定申請商標專用權移轉登記時，仍應符合第二條之規定。

第二十九條 聯合商標、防護商標未與正商標一併移轉者，其專用權消滅。

聯合商標、防護商標單獨移轉者，其移轉無效。

第 三 十 條 商標專用權人設定質權及質權之變更、消滅，應向商標主管機關登記；未經登記者，不得對抗第三人。

質權存續期間，質權人非經商標專用權人授權，不得使用該商標。

第三十一條 商標註冊後有左列情事之一者，商標主管機關應依職權或據利害關係人申請撤銷商標專用權：

一、自行變換商標圖樣或加附記，致與他人使用於同一商品或類似商品之註冊商標構成近似而使用者。

二、無正當事由迄未使用或繼續停止使用已滿三年者。但有聯合商標使用於同一商品，或商標授權之使用人有使用且提出使用證明者，不在此限。

三、未經登記而授權他人使用或違反授權標示規定，經通知限期改正而不改正者。

四、商標侵害他人之著作權、新式樣專利權或其他權利，經判決確定者。

前項第二款之撤銷得就註冊商標所指定之一種或數種商品

爲之。

商標主管機關爲第一項之撤銷處分前，應通知商標專用權人或其商標代理人，於三十日內提出書面答辯。但申請人之申請無具體事證或其主張顯無理由者，得不通知答辯，逕爲處分。

第一項第二款情事，其答辯通知經送達商標專用權人或其代理人者，商標專用權人應證明其有使用之事實，逾期不答辯者，得逕行撤銷其商標專用權。

商標專用權人有第一項第一款情事，於商標主管機關調查期間不得自請撤銷，受撤銷處分者於撤銷之日起三年內，不得於同一商品或類似商品註冊、受讓或經授權使用與原註冊圖樣相同或近似之商標；有第一項第四款情事者，於其侵害原因消滅前，不得以同一圖樣申請註冊。

第三十二條　對前條第一項撤銷商標專用權之處分有不服者，得於撤銷處分書送達之次日起三十日內，依法提起訴願。

第三十三條　商標專用權經撤銷處分確定者，自撤銷處分之日起失效。但因第三十一條第一項第四款事由經撤銷者，溯自註冊之日起失效。

第三十四條　有左列情形之一者，商標專用權當然消滅：

一、商標專用期間屆滿未經延展註冊者。

二、商標專用權人爲法人，經解散或主管機關撤銷登記者。但於清算程序或破產程序終結前，其專用權視爲存續。

三、商標專用權人死亡而無繼承人者。

第三章　註　冊

第三十五條 申請商標註冊，應指定使用商標之商品類別及商品名稱，以申請書向商標主管機關爲之。不同類別之商品應分別申請。

商品之分類，於施行細則定之。

類似商品之認定，不受前項商品分類之限制。

第三十六條 二人以上於同一商品或類似商品以相同或近似之商標，各別申請註冊時，應准最先申請者註冊；其在同日申請而不能辨別先後者，由各申請人協議讓歸一人專用；不能達成協議時，以抽籤方式決定之。

第三十七條 商標圖樣有左列情形之一者，不得申請註冊：

一、相同或近似於中華民國國旗、國徽、國璽、軍旗、軍徽、印信、勳章或外國國旗者。

二、相同於國父或國家元首之肖像或姓名者。

三、相同或近似於紅十字章或其他國內或國際著名組織名稱、徽記、徽章、標章者。

四、相同或近似於正字標記或其他國內外同性質驗證標記者。

五、妨害公共秩序或善良風俗者。

六、使公眾誤認誤信其商品之性質、品質或產地之虞者。

七、襲用他人之商標或標章有致公眾誤信之虞者。

八、相同或近似於同一商品習慣上通用之標章者。

九、相同或近似於中華民國政府機關或展覽性質集會之標章或所發給之褒獎牌狀者。

十、凡文字、圖形、記號或其聯合式，係表示申請註冊商標所使用商品之說明或表示商品本身習慣上所通用之名稱、形狀、品質、功用者。

十一、有他人之肖像、法人及其他團體或全國著名之商號名稱或姓名、藝名、筆名、字號，未得其承諾者。但商號或法人營業範圍內之商品，與申請註冊之商標所指定之商品非同一或類似者，不在此限。

十二、相同或近似於他人同一商品或類似商品之註冊商標，及其註冊商標期滿失效後未滿二年者。但其註冊失效前已有三年以上不使用時，不在此限。

十三、以他人註冊商標作爲自己商標之一部分，而使用於同一商品或類似商品者。

前項第十二款但書規定之事實應由申請人證明之。

第三十八條　因商標註冊之申請所生之權利，得移轉於他人。

受讓前項之權利者，非經請准更換原申請人之名義，不得對抗第三人。

第三十九條　商標主管機關對於商標註冊之申請，應指定審查員審查之。其資格以法律定之。

第四十條　審查員有左列情事之一者，應行迴避：

一、配偶、前配偶或與其訂有婚約之人，爲該商標註冊之申請人或其商標代理人者。

二、現爲該商標註冊申請人之五親等內之血親，或三親等內之姻親，或曾有此親屬關係者。

三、現爲或曾爲該商標註冊申請人之法定代理人或家長、家屬者。

四、曾爲該商標註冊申請人之商標代理人者。

五、與商標註冊之申請人有財產上直接利害關係者。

第四十一條　商標主管機關於申請註冊之商標，經審查後認爲合法者，應以審定書送達申請人及其商標代理人，並公告於商標主

管機關公報，自公告之日起滿三個月無人異議，或異議不成立確定後，始予註冊。並以公告期滿次日爲註冊日。

審定公告商標經異議成立確定者，應撤銷原審定。

第四十二條 自行變換審定商標圖樣或加附記，致與他人使用於同一商品或類似商品之註冊商標構成近似而使用者，商標主管機關得依職權或據利害關係人之申請撤銷原審定。

商標主管機關依前項規定撤銷前，準用第三十一條第三項之規定；撤銷處分確定者，準用第三十一條第五項之規定。

第四十三條 申請註冊之商標，經審查後認爲不合法者，應爲駁回之審定；並以審定書記載理由，送達申請人及其商標代理人。

第四十四條 商標註冊申請人對於駁回之審定，或依第四十二條第一項撤銷審定處分有不服時，得於審定書送達之次日起三十日內，依法提起訴願。

第四十五條 商標審查員於審定商標註冊前發現原審定有違法情事時，應報請撤銷。

商標主管機關依前項規定撤銷前，應先附理由通知商標註冊申請人或其商標代理人於三十日內，申述意見。

第四十六條 對審定商標認有違反本法規定情事者，得於公告期間內，向商標主管機關提出異議。

第四十七條 提出異議者，應以異議書載明事實及理由，並附副本，檢送商標主管機關。異議書如有提出附屬文件者，副本中應提出。

商標主管機關將前項副本連同附屬文件送達申請人及其商標代理人，並限期提出答辯。

第四十八條 第三十九條及第四十條之規定，於異議程序準用之。

審查員對於曾參與審查案件之異議，應行迴避。

第四十九條　商標主管機關對於商標異議案件，應作成異議審定書，記載理由，送達商標註册之申請人、異議人及其商標代理人。

第 五 十 條　商標註册之申請人或異議人，對於前條之異議審定有不服時，得於審定書送達之次日起三十日內，依法提起訴願。

第五十一條　經過異議確定後之註册商標，任何人不得就同一事實、同一證據及同一理由，申請評定。

第四章　評　定

第五十二條　商標之註册違反第三十一條第五項、第三十六條、第三十七條第一項或第四十二條第二項後段之規定者，利害關係人得申請商標主管機關評定其註册爲無效。

商標之註册，違反第五條、第三十一條第五項、第三十六條、第三十七條第一項第一款至第十款、第十二款、第十三款或第四十二條第二項後段之規定者，商標審查員得提請評定其註册爲無效。

註册已滿十年之商標，違反第二十五條第二項第一款規定者，利害關係人或商標審查員得申請或提請評定其註册爲無效。

第五十三條　商標之註册違反第五條、第三十一條第五項、第三十六條、第三十七條第一項第十一款或第四十二條第二項後段之規定，自註册公告之日起已滿二年者，不得申請或提請評定。

第五十四條　商標專用權人或利害關係人，爲認定商標專用權之範圍，得申請商標主管機關評定之。

第五十五條　商標評定案件，由商標主管機關首長指定評定委員三人以上評定之。

第四十條、第四十七條、第四十八條第二項及第四十九條之規定，於評定準用之。

評定委員如與第五十七條所定之參加人間有第四十條所定之關係者，應行迴避。

第五十六條　評定應就書面評決之。但認爲必要時，得指定日期，通知當事人到場辯論。

關於評定之當事人，延誤法定或指定之期間、期日者，評定不因之中止。

第五十七條　對於評定事件有利害關係者，得於評定終結前申請參加，輔助一造之當事人。

前項申請參加，如他造當事人表示反對者，應否准許，由評定委員合議決定之。

參加人之行爲，與其所輔助之當事人之行爲相牴觸者無效。

關於前條及本條之言詞辯論及參加程序，除本法另有規定外，準用民事訴訟法之規定。

第五十八條　對於評定之評決有不服時，得於評定書送達之次日起三十日內，依法提起訴願。

第五十九條　關於商標事件評定之評決確定後，任何人不得就同一事實、同一證據及同一理由，申請評定。

第六十條　在評定程序進行中，凡有提出關於商標專用權之民事或刑事訴訟者，應於評定商標專用權之評決確定前，停止其訴訟程序之進行。

第五章　保　護

第六十一條　商標專用權人對於侵害其商標專用權者，　得請求損害賠償，　並得請求排除其侵害；　有侵害之虞者，　得請求防止之。

前項商標專用權人，得請求將用以或足以從事侵害行為之商標及有關文書予以銷毀。

第六十二條　意圖欺騙他人，　有左列情事之一者，　處三年以下有期徒刑、拘役或科或併科新臺幣二十萬元以下罰金。

一、於同一商品或類似商品，使用相同或近似於他人註冊商標之圖樣者。

二、於有關同一商品或類似商品之廣告、標帖、說明書、價目表或其他文書，附加相同或近似於他人註冊商標圖樣而陳列或散布者。

第六十三條　明知為前條商品而販賣、　意圖販賣而陳列、　輸出或輸入者，處一年以下有期徒刑、拘役或科或併科新臺幣五萬元以下罰金。

第六十四條　犯前二條之罪所製造、販賣、陳列、輸出或輸入之商品不問屬於犯人與否，沒收之。

第六十五條　惡意使用他人註冊商標圖樣中之文字，作為自己公司或商號名稱之特取部分，而經營同一商品或類似商品之業務，經利害關係人請求其停止使用，而不停止使用者，處一年以下有期徒刑、拘役或科新臺幣五萬元以下罰金。

公司或商號名稱申請登記日，在商標申請註冊日之前者，無前項規定之適用。

第六十六條　商標專用權人，依第六十一條請求損害賠償時，得就左列各款擇一計算其損害：

一、依民法第二百十六條之規定。但不能提供證據方法以

證明其損害時，商標專用權人，得就其使用註冊商標通常所可獲得之利益，減除受侵害後使用同一商標所得之利益，以其差額爲所受損害。

二、依侵害商標專用權者因侵害行爲所得之利益。於侵害商標專用權者不能就其成本或必要費用舉證時，以銷售該項商品全部收入爲所得利益。

三、就查獲侵害商標專用權商品零售單價五百倍至一千五百倍之金額。但所查獲商品超過一千五百件時，以其總價定賠償金額。

前項賠償金額顯不相當者，法院得予酌減之。

商標專用權人之業務上信譽，因侵害而致減損時，並得另請求賠償相當之金額。

前三項規定於依第六十七條請求連帶賠償時，準用之。

第六十七條　因故意或過失而有第六十三條之行爲者，應與侵害商標專用權者負連帶賠償責任。但其能提供商品來源者，得減輕其賠償金額或免除之。

第六十八條　商標專用權人，得請求由侵害商標專用權者負擔費用，將依本章認定侵害商標專用權情事之判決書內容全部或一部登載新聞紙。

第六十九條　依第二十六條規定，經授權使用商標者，其使用權受有侵害時，準用本章之規定。

第 七 十 條　外國法人或團體就本章規定事項亦得爲告訴、自訴或提起民事訴訟，不以業經認許者爲限。

第七十一條　法院爲處理商標訴訟案件，得設立專業法庭或指定專人辦理。

第六章　標　章

第七十二條　凡因表彰自己營業上所提供之服務，欲專用其標章者，應申請註冊爲服務標章。

服務標章之使用，係指將標章用於營業上之物品、文書、宣傳或廣告，以促銷其服務者而言。但使用於商品或其包裝容器上有使人誤認爲係促銷該商品者，不在此限。

服務標章之分類，於施行細則定之。類似服務之認定不受前項分類之限制。

第七十三條　凡提供知識或技術，以標章證明他人商品或服務之特性、品質、精密度或其他事項，欲專用其標章者，應申請註冊爲證明標章。

證明標章之申請人，以具有證明他人商品或服務能力之法人、團體或政府機關爲限。

第七十四條　凡公會、協會或其他團體爲表彰其組織或會籍，欲專用標章者，應申請註冊爲團體標章。

第七十五條　證明標章或團體標章專用權不得移轉、授權他人使用，或作爲質權標的物。但其移轉或授權他人使用，無損害消費者利益及違反公平競爭之虞，經商標主管機關核准者，不在此限。

第七十六條　標章專用權人或其授權使用人以服務標章、證明標章或團體標章爲不當使用致生損害於他人或公眾者，商標主管機關得依任何人之申請或依職權撤銷其專用權。

第七十七條　服務標章、證明標章及團體標章除本章另有規定外，依其性質準用本法有關商標之規定。

第七章　附　則

第七十八條　本法施行細則，由經濟部定之。

第七十九條　本法自公布日施行。

附　錄　二

商標法施行細則

八十三年七月十五日經(八三)中標字第〇八七四三六號令修正發布

第 一 條 本細則依商標法(以下簡稱本法)第七十八條規定訂定之。

第 二 條 依本法或本細則所爲之各項申請，應使用商標主管機關印製之書表，備齊附件，向商標主管機關爲之。

申請書或其他物件應註明商標名稱 、 指定使用之商品類別、名稱及申請人姓名、名稱、住所、居所、事務所或營業所；其已審定或註册者，並應註明其審定或註册號數。

第 三 條 商標之各項申請違反有關法令所定之程序或程式而得補正者，商標主管機關應通知限期補正。

申請人 於前項 限期內補正者， 其申請日仍以原申請日爲準。

第 四 條 關於商標註册之申請，商標主管機關認爲有必要時，得通知申請人檢附身分證明或法人證明文件。

前項證明文件或其他書件係外文者，應檢附中文譯本。

第 五 條 本法第二條所定之營業，得參酌左列事項認定之：

一、公司登記之營業項目。

二、商業登記之營業項目。

三、營利事業登記之營業項目。

四、具體營業計畫。

五、股東會決議。

六、其他相關事證。

依法令或事實無須爲營利事業之登記者，得依其檢附之相關文件認定之。

第 六 條 主張優先權成立者，以其首次在他國提出申請註冊商標之日，視爲在中華民國申請註冊商標之日；在他國之申請案審查結果，對已成立之優先權，不生影響。

第 七 條 商標註冊之申請人主張有本法第五條第二項規定情事者，應提出相關事證證明之。

第 八 條 受任爲商標代理人者，應檢附委任書，載明其代理權限。

依本法第九條第二項委任之商標代理人死亡或喪失行爲能力而委任人未另行委託他人代理者，商標主管機關得通知期限另行委任商標代理人，逾期未另行委任者，對其應送達之書件，得依本法第十五條規定處理。

依本法第九條第三項通知申請人更換商標代理人時，並應通知原委任之商標代理人。

本法第十條所稱之一切必要行爲，包括代爲收受商標主管機關送達之書件及通知。

第 九 條 本法第十五條所稱書件無法送達，指依應受送達人登記之住所、居所、事務所或營業所無法送達，經向戶政或公司登記、商業登記機關查詢，仍無法知悉應受送達人所在地者。

第 十 條 商標註冊證應黏附商標圖樣，由商標主管機關蓋印發給。

第 十一 條 商標註冊證遺失或毀損，商標專用權人得敍明事由，加具證明，申請補發。

依前項規定補發註冊證時，舊註冊證應同時公告作廢。

第 十二 條 凡由商標主管機關抄給之書件，摹繪之圖樣，應註明與原本無異字樣。

第 十 三 條　關於商標之證據及物件，檢附人預行聲明領回者，應於該
案確定後三十日內領取。

第 十 四 條　本法第二十條所定須守密者，由商標主管機關就左列事項
認定之：

一、屬於營業機密或有關個人隱私者。

二、主管機關內部之簽註及批示。

第 十 五 條　商標圖樣之近似，以具有普通知識經驗之一般商品購買
人，於購買時施以普通所用之注意，有無混同誤認之虞判
斷之。

類似商品，應依一般社會通念，市場交易情形，並參酌該
商品之產製、原料、用途、功能或銷售場所等各種相關因
素判斷之。

類似服務，應依一般社會通念，市場交易情形，並參酌該
服務之性質、內容、對象或場所等各種相關因素判斷之。

性質相關聯商品或服務，以在工商業經營上，有無申請註
冊防護商標或服務標章之必要關係判斷之。

第 十 六 條　依本法第二十二條規定申請聯合商標或防護商標註冊，其
正商標已審定或註冊者，應檢附審定書或註冊證影印本。

聯合商標或防護商標之註冊證，應記載正商標之註冊號
數。

申請防護商標註冊，主張其為著名商標者，應舉證證明
之。

正商標撤銷或無效者，其聯合商標及防護商標應一併撤
銷。審定聯合商標或審定防護商標未與正商標一併移轉
者，應撤銷其審定。

第 十 七 條　本法第二十二條第四項所稱商標種類之變更，指左列情

形:

一、正商標變更爲聯合商標或防護商標。

二、聯合商標或防護商標變更爲正商標。

三、聯合商標變更爲防護商標。

四、防護商標變更爲聯合商標。

申請商標種類之變更，應檢附申請書註明相關號數；其已審定或註冊者，並應檢附審定書或註冊證。

商標種類變更，其專用權範圍及存續期間以原註冊者爲準；變更後之聯合商標或防護商標專用期間超過正商標專用期間者，以正商標之專用期間爲準。

第 十 八 條 本法第二十三條第一項所稱普通使用之方法，指商業上通常使用之方法，在使用人主觀上無作爲商標使用之意圖，一般商品購買人客觀上亦不認其爲商標之使用者。

第 十 九 條 申請商標專用期間延展註冊者，應檢附左列書件:

一、申請書。

二、註冊證。

三、商標圖樣十張。

四、申請前三年內有使用商標之證據；如有正當事由未使用者，應載明之。

五、其他必要書件。

前項第四款規定於防護商標不適用之。

延展註冊經核准者，由商標主管機關於商標註冊證上註明延展事項，發還申請人。

第 二 十 條 申請登記授權他人使用商標，應檢附申請書、授權使用合約書影印本；再授權者，應檢附商標專用權人同意之證明文件。

申請人得檢附商標註册證，請求加註授權使用事項。

第二十一條　商標授權期間屆滿前有左列情事之一者，得檢附相關證據，申請終止授權使用登記：

一、當事人雙方同意終止者。其經再授權者，亦同。

二、一方表示終止，他方無異議者。

三、契約明定得由一方不附理由任意終止，而爲終止之表示者。

四、經法院判決確定或和解、調解成立，授權關係已消滅者。

五、經商務仲裁判斷授權關係已消滅者。

第二十二條　申請登記商標專用權移轉，應檢附左列書件：

一、申請書。

二、受讓人身分證明文件暨營業相關事證。

三、移轉契約或其他移轉證明文件影印本。

四、註册證。

前項移轉經登記者，由商標主管機關於商標註册證上，註明移轉事項，發還申請人。

第二十三條　申請設定商標專用權質權之登記，應檢附左列書件：

一、申請書。

二、商標專用權人及質權人身分證明文件。

三、質權設定契約影印本，應載明商標名稱、註册號數、債權額度及存續期間。

四、註册證。

前項質權經登記者，由商標主管機關於商標註册證上，註明設定質權事項，發還申請人。

申請質權之變更或消滅登記，應載明其變更或消滅之事

由，並檢附相關事證。

第二十四條 申請撤銷他人商標專用權，應檢附左列書件：

一、申請書（含副本）。

二、申請人身分證明文件。

三、相關證據二份。

前項第一款之申請書，應載明構成撤銷商標專用權之原因事實。

商標主管機關通知商標專用權人或其商標代理人答辯時，應檢附申請書副本及相關證據等附屬文件。

第二十五條 商標主管機關就申請撤銷案所為之處分書，應記載左列事項：

一、商標之註冊號數、名稱及指定使用之商品。

二、申請人姓名或名稱及住所、居所、事務所或營業所；其為法人者，並應記載代表人姓名。

三、商標專用權人之姓名或名稱及住所、居所、事務所或營業所；其為法人者，並應記載代表人姓名。

四、委任商標代理人者，其姓名及住所、居所、事務所或營業所。

五、主文及理由。

六、處分之年、月、日。

第二十六條 依本法第三十四條規定，商標專用權當然消滅者，其消滅時日如左：

一、商標專用期間屆滿未經延展註冊者，屆滿之翌日。

二、商標專用權人為法人者，其解散登記或主管機關撤銷登記之日。

三、商標專用權人死亡而無繼承人者，其死亡時。

第二十七條　凡依本法申請商標註册者，應檢附左列書件:

一、申請書，應依第四十九條規定指定商品類別，並列舉商品名稱。

二、商標圖樣十五張，其爲彩色者，並應附加黑白圖樣三張，以堅韌光潔之紙料爲之，其長及寬不得超過五公分。

三、申請人營業之相關事證。

前項第三款規定於防護商標不適用之。

商標註册之申請，以備具商標圖樣及載明商品類別、商品名稱之申請書送達商標主管機關之日爲申請日；如係交郵，以交郵當日郵戳爲準。

審定前申請變更指定使用商品名稱或商標圖樣，以申請變更之日爲申請日。但縮減指定使用商品者，不影響其申請日。

第二十八條　商標圖樣中包含說明性或不具特別顯著性之文字或圖形者，若刪除該部分則失其商標圖樣完整性，而經申請人聲明該部分不在專用之列，得以該圖樣申請註册。

前項圖樣於審查有無與他人之商標圖樣相同或近似時，仍應以其整體圖樣爲準。

第二十九條　本細則修正施行前，已審定或註册之商標，其指定使用之商品類別，以已審定或註册者爲準。

本細則修正施行前，已申請註册而尚未審定之商標，其指定使用之商品類別，以申請時指定之類別爲準。

第三十條　依本法第三十六條規定須由各申請人協議者，商標主管機關應指定相當期間通知各申請人協議，逾期不能達成協議時，商標主管機關應指定期日及地點通知各申請人抽籤決

定之。

第三十一條 本法第三十七條第一項第七款之適用，指以不公平競爭之目的，非出於自創而抄襲他人已使用之商標或標章申請註用並有致公眾誤信之虞者；所襲用者不以著名商標或標章而使用於同一或類似商品為限。

第三十二條 本法第三十七條第一項第十一款所稱法人及其他團體或全國著名商號之名稱，指其特取部分而言。商號或法人營業範圍內之商品，以商號或法人所登記之營業項目為準；如登記之營業項目未載明具體商品者，參酌實際經營之項目認定之。

登記在先之法人，以其名稱之特取部分作為商標圖樣申請註冊，而與登記在後之法人名稱特取部分相同，且指定使用之商品與該登記在後之法人所經營之商品為同一或類似者，仍應徵得該登記在後之法人之承諾。

本法第三十七條第一項第十一款所稱全國，指中華民國現行法律效力所及之領域。

第三十三條 申請註冊商標有本法第三十七條第一項第十二款規定之情事，而於商標主管機關審查時，已逾該款前段所定二年期間者，得認為無違反該規定情事，進行審查。但其影響第三人權益或期滿前三年內有使用商標之專用權人，業於期滿失效二年內重新申請註冊者，不得為之。

第三十四條 依本法第三十八條規定移轉申請權者，應檢附左列書件：

一、申請書。

二、受讓人身分證明文件暨營業相關事證。

三、移轉契約或其他移轉證明文件影印本。

第三十五條 本法第四十一條之核准審定書應記載左列事項：

一、申請人姓名或名稱及住所、居所、事務所或營業所。

二、委任商標代理人者，其姓名及住所、居所、事務所或營業所。

三、商標名稱。

四、申請案號：有正商標者，其號數。

五、審定主旨及說明。

六、審定之年、月、日。

第三十六條　依本法第四十二條規定爲撤銷審定之申請者，準用第二十四條規定，商標主管機關爲撤銷審定之處分者，準用第二十五條規定。

第三十七條　本法第四十三條之核駁審定書應記載左列事項：

一、申請人姓名或名稱及住所、居所、事務所或營業所。

二、委任商標代理人者，其姓名及住所、居所、事務所或營業所。

三、商標名稱、圖樣及指定使用商品類別。

四、申請案號。

五、核駁審定主旨及說明。

六、核駁審定號數及年、月、日。

第三十八條　依本法第四十六條規定提出異議者，應檢附左列書件：

一、異議書（含副本）。

二、異議人證明文件。

三、相關證據二份。

前項第一款之異議書，應載明異議之事實及理由。

商標主管機關通知註冊申請人及其商標代理人答辯時，應檢附異議書副本及相關證據等附屬文件。

異議之事實及理由有不明確或不完備者，商標主管機關得

通知異議人限期補正；於審定商標公告期間內，異議人得變更或追加其主張之事實及理由。

商標主管機關就前項之變更、追加或補正事項，應通知註冊申請人及其商標代理人答辯。

第三十九條　依本法第五十二條規定申請評定者，準用前條規定。

異議審定書及評定書準用第二十五條規定。

第 四 十 條　商標異議、評定及撤銷案件之處理，適用本法新舊規定之原則如左：

一、商標異議案件適用異議審定時之規定。

二、商標評定案件適用註冊時之規定。但其申請或提請評定之程序適用評決時之規定。

三、商標撤銷案件適用撤銷處分時之規定。

第四十一條　本法第五十四條規定申請評定商標專用權範圍，指請准註冊之商標及所指定之商品專用權範圍不明，有申請商標主管機關認定之必要者。

第四十二條　本法第五十六條第一項所稱必要時，指評定委員就書面審理之結果，認為尚不足據以評決，有經當事人言詞辯論，以補強其心證者。

第四十三條　申請註冊證明標章者，應提出申請書載明左列事項：

一、證明之商品或服務。

二、證明標章表彰之內容。

三、標示證明標章之條件。

四、申請人得為證明之資格或能力。

五、控制證明標章使用之方式。

六、申請人本身不從事所證明商品之製造、行銷或服務提供之聲明。

　　　　　　　證明標章於申請註册時已有使用者，應檢附使用之證明；

　　　　　　　未使用者，應檢附使用計畫書。

第四十四條　證明標章之使用，指以證明商品或服務之特性、品質、精

　　　　　　　密度或其他事項之意思，於商品或服務之相關物品上，標

　　　　　　　示該標章以爲證明者。

第四十五條　申請註册團體標章者，應提出申請書載明左列事項:

　　　　　　　一、申請人之組織及其成員之資格。

　　　　　　　二、控制團體標章使用之方式。

　　　　　　　團體標章於申請註册時已有使用者，應檢附使用之證明；

　　　　　　　未使用者，應檢附使用計畫書。

第四十六條　團體標章之使用，指爲表彰團體或其成員身分，而由團體

　　　　　　　或其成員將標章標示於相關物品或文書上。

第四十七條　本法第七十六條所稱不當使用，指左列情形:

　　　　　　　一、證明標章作爲商標或服務標章使用，或專用權人於自

　　　　　　　　　己之商品或服務使用該標章。

　　　　　　　二、證明 標章專用 權人對於申請證明之人， 予以差別待

　　　　　　　　　遇，或未經查驗或明知不合證明條件而同意標示證明

　　　　　　　　　標章者。但法令另有規定者，不在此限。

　　　　　　　三、團體標章 之使用造 成社會公 眾對於 該團體性質之誤

　　　　　　　　　認。

　　　　　　　四、違反本法第七十五條之規定而爲移轉、授權或設質。

　　　　　　　五、違反控制標章使用方式。

　　　　　　　六、意圖影射而使用標章。

　　　　　　　七、其他不當方法之使用。

第四十八條　本法修正施行前已取得之商標專用權，其商標專用期間仍

　　　　　　　以原核准者爲準。

第四十九條　申請註冊，應依商品及服務分類表，指定使用之商品或服務類別並具體列舉商品或服務名稱。

第 五 十 條　服務標章、證明標章及團體標章依其性質準用本細則關於商標之規定。

第五十一條　本細則自發布日施行。

附　錄　三

商品及服務分類表

商　　　　　　　　　　　品	
類　　別	**名　　　　　稱**
第　一　類	用於工業、科學、攝影、農業、園藝、林業之化學品；未加工之人造樹脂，未加工之塑膠；肥料；滅火製劑；淬火和金屬焊接用製劑；保存食品用化學物品；鞣劑；工業用黏著劑。
第　二　類	油漆（顏料）、亮光漆、天然漆；防銹劑和木材防腐劑；著色劑；媒染劑；未加工之天然樹脂；塗漆用、裝潢用、印刷用及藝術用金屬箔與金屬粉。
第　三　類	洗衣用漂白劑及其他洗衣用物品；清潔、亮光、洗擦（去污）及研磨用製劑；肥皂；香水（香料）、香精油；化粧品；美髮水；潔齒劑。
第　四　類	工業用油及油脂；潤滑劑（油）；吸收、濕潤、凝聚灰塵用品；燃料（包括馬達用）及照明用油，蠟燭、燈心。
第　五　類	藥品、獸醫及衛生用製劑；醫用營養品，嬰兒食品；膏藥、敷藥用材料；填牙材料、牙蠟；消毒劑；殺蟲劑；殺菌劑、除草劑。
第　六　類	普通金屬及其合金；金屬建築材料；可移動金屬建築物；鐵軌用金屬材料；非電氣用纜索和金屬線；鐵器、小五金器材；金屬管；保險箱；不屬別類之普通金屬製品；礦沙。
第　七　類	機器及工具機；馬達及引擎（陸上車輛用除外）；機器用聯結器及傳動零件（陸上車輛用除外）；農具；孵卵器。

第 八 類	手工用具及器具（手操作的）；剪刀及刀叉匙餐具；佩刀；剃刀。
第 九 類	科學、航海、測量、電氣、攝影、電影、光學、計重、計量、信號、檢查（監督）、救生和教學用具及儀器；聲音或影像記錄、傳送或複製（再生）用器具；磁性資料載體、記錄磁碟；自動販賣機及貨幣操作（管理）器具之機械裝置；現金出納機、計算機及資料處理設備；滅火器械。
第 十 類	外科、內科、牙科和獸醫用器具及儀器，義肢、義眼、假牙；整形用品；傷口縫合材料。
第 十 一 類	照明、加熱、產生蒸氣、烹飪、冷凍、乾燥、通風、給水及衛生設備裝置。
第 十 二 類	車輛（交通工具）；陸運、空運或水運用器具。
第 十 三 類	火器；火藥及發射體；爆炸物；煙火。
第 十 四 類	貴金屬及其合金以及不屬別類之貴重金屬製品或鍍有貴重金屬之物品；珠寶、寶石；鐘錶及計時儀器。
第 十 五 類	樂器。
第 十 六 類	不屬別類之紙、紙板及其製品；印刷品；裝訂材料；照片；文具；文具或家庭用黏著劑；美術用品；畫筆；打字機及辦公用品（家具除外）；教導及教學用品（儀器除外）；包裝用塑膠品（不屬別類者）；紙牌；印刷用鉛字；印刷板。
第 十 七 類	不屬別類之橡膠、古塔波膠(馬來樹膠)、樹膠、石棉、雲母以及該等材料之製品；生產時使用之射出成型塑膠；包裝、填塞和絕緣材料；非金屬軟管。
第 十 八 類	皮革與人造皮革（仿皮革）以及不屬別類之皮革及人造皮製品；獸皮；皮箱及旅行箱；傘、陽傘及手杖；鞭及馬具。
第 十 九 類	建築材料（非金屬）；建築用非金屬硬管；柏油、瀝青；可移動之非金屬建築物；非金屬紀念碑。
第 二 十 類	家具、鏡子、畫框；不屬別類之木、軟木、蘆葦、

	藤、柳條、角、骨、象牙、鯨骨、貝殼、琥珀、珍珠母、海泡石製品，以及該等材料之代用品或塑膠製品。
第二十一類	家庭或廚房用具及容器（非貴金屬所製，也非鍍有貴金屬者）；梳子及海棉；刷子（畫筆除外）、製刷材料；清潔用具；鋼絲絨；未加工或半加工玻璃（建築用玻璃除外）；不屬別類之玻璃器皿，瓷器及陶器。
第二十二類	纜、繩、網、帳篷、遮篷、防水布、帆、袋（不屬別類者）；襯墊及填塞材料（橡膠或塑膠除外）；紡織用纖維原料。
第二十三類	紡織用紗、線。
第二十四類	不屬別類之布料及紡織品；床單和桌布。
第二十五類	衣服、靴鞋、帽子。
第二十六類	花邊及刺繡、飾帶及縧帶（髮辮）；鈕扣、鉤扣，扣針及縫針；人造花。
第二十七類	地毯、草墊、蓆類、油氈及其他舖地板用品；非紡織品牆帷。
第二十八類	遊戲器具及玩具；不屬別類之體育及運動器具；聖誕樹裝飾品。
第二十九類	肉、魚、家禽及野味；肉精；醃漬，乾製及烹調之水果和蔬菜；果凍，果醬；蛋、乳及乳製品；食用油脂。
第 三 十 類	咖啡、茶、可可、糖、米、樹薯粉、西谷米、代用咖啡；麵粉及穀類調製品、麵包、糕餅及糖果、冰品；蜂蜜、糖漿；酵母、發酵粉；鹽、芥末、醋、調味品；調味用香料，冰。
第三十一類	農業、園藝及林業產品及不屬別類之穀物；活的動物（活禽獸及水產）；鮮果及蔬菜；種子、天然植物及花卉；動物飼料，麥芽。
第三十二類	啤酒；礦泉水及汽水以及其他不含酒精之飲料；水

	果飲料及果汁; 糖漿及其他製飲料用之製劑。
第三十三類	含酒精飲料（啤酒除外）。
第三十四類	煙草; 煙具; 火柴。

服	務
類　　別	名　　稱
第三十五類	廣告; 企業管理; 企業經營; 事務處理。
第三十六類	保險; 財務; 金融; 不動產業務。
第三十七類	營建; 修繕; 安裝服務。
第三十八類	通訊。
第三十九類	運輸; 商品綑紮及倉儲; 旅行安排。
第 四 十 類	材料處理。
第四十一類	教育; 訓練; 娛樂; 運動及文化活動。
第四十二類	餐、宿之提供; 醫療、衛生及美容服務; 獸醫及農藝之服務; 法律服務; 科學及工業之研究; 電腦程式設計及不屬別類服務。

參 考 資 料

壹、中文部分（依姓氏筆劃為序）

一、書籍

1. 三民書局編。大辭典（上、下册），民國七十四年八月初版。

2. 王仁宏、馮震宇合著，中美商標法律要件之研究，民國七十四年七月出版。

3. 何孝元著，工業所有權之研究，民國六十年九月再版。

4. 何連國著，專利法規及實務，民國七十一年二月初版。

5. 何連國著，商標法規及實務，民國七十三年三月三版。

6. 李茂堂著，商標法之理論與實務，民國六十七年十一月初版。

7. 金進平著，工業所有權法新論，民國七十四年十月。

8. 姚瑞光著，民事訴訟法論，民國七十三年三月初版。

9. 洪遜欣著，中國民法總則，民國六十五年一月修定初版，自版。

10. 徐火明編，工業財產權法裁判彙編，民國七十四年一月初版。

11. 曹偉修著，最新民事訴訟法釋論（中册），民國六十五年一月初版。

12. 曾陳明汝著，專利商標法選論，民國七十二年九月增訂新版。

13. 曾陳明汝著，工業財產權專論，民國七十年八月初版。

14. 曾陳明汝著，美國商標制度之研究，民國六十七年三月初版。

15. 曾華松著，商標行政訴訟之研究（上冊），民國七十四年三月初版，司法院印行。

16. 黃茂榮編，商標法案例體系（二），工業財產權法（二），民國七十二年二月，植根法學叢書。

17. 臺灣中華書局印行，辭海下冊，民國七十一年十一月大字修訂本臺三十版。

18. 鄭玉波著，民法債篇各論（上冊），民國七十三年三月七版。

19. 樊仁裕編，國際商務契約顧問全書（上冊），民國七十一年三月初版。

二、期刊專論

1. 李忠雄，商標授權制度之研究，法令月刊，三二卷，五期，民國七十年五月。

2. 宋富美，談商標授權，中興大學法學研究報告選集，民國七十年十二月。

3. 徐火明，商標仿冒與改進我國商標制度芻議，法令月刊，三四卷，十二期，民國七十二年十二月。

4. 徐火明，商標的授權，生活雜誌，一五期，民國七十四年九月。

5. 陳森，各國商標專用權之移轉條件及趨勢，法律評論，三六卷，七期，民國五十九年七月。

6. 曾陳明汝，商標之實際使用與繼續使用，臺大法學論叢十四卷，二期，民國七十四年六月。

7. 楊崇森，私法自治制度之流弊及其修正，政大法學評論，三、四期，編入鄭玉波主編，民法總則論文選輯（上），民國七十三年七月。

8. 賴英照，關係企業法律問題及立法草案之研究，中興法學，一八期，

民國七十一年三月。

9. 戴明煜，從麥當勞談特約經營權，中國論壇，二○七期，民國七十二年四月。

10. 蘇良井，從統一蘋果麵包事件談商品標示、商標使用與授權，工業半月刊，一六○期，民國七十五年十月十日。

11. 臺灣經濟研究院，歐日商標授權制度及其運作趨勢之研究（經濟部中央標準局委託研究），頁五五～五六，民國八十一年三月。

12. 商標法修正草案審查案會議紀錄。立法院公報，八二卷五五期，頁三九～五一，民國八十二年十月二十日。五九期（上）頁三七～六○，民國八十二年十一月三日。六四期，頁五○～五三，民國八十二年十一月二十日。六五期（上），頁六二～七七，民國八十二年十一月二十四日。

13. 經濟部中央標準局編印，服務標章制度之研究，行政院八十二年度研考經費補助案，民國八十二年五月。

14. 立法院公報初稿，民國八十一年六月九日。

三、其他資料

1. 孔令芬，維持轉售價格之研究，臺大法研所碩士論文，民國七十四年七月。

2. 吳慧美，商標授權對經濟發展之影響，保護工業財產權研討會講義，民國七十五年五月。

3. 李榮昇，關係企業課稅問題之研究，政大財研所碩士論文，民國六十四年六月。

4. 李枝璧，連鎖體系零售商甄選作業及評估之比較，臺大商研所碩士論文，民國七十三年六月。

5. 周占春，我國商標法上服務標章制度之檢討，興大法研所碩士論

文，民國七十五年六月。

6. 周君穎，商標權之侵害及其民事救濟，中日兩國法之比較，臺大法研所碩士論文，民國七十年七月。

7. 林素蘭，關係企業中母公司及其負責人之責任問題，政大法研所碩士論文，民國七十二年六月。

8. 林加添，特許經銷制度之研究，成大工管研究所碩士論文，民國六十九年五月。

9. 翁鈴江，商標權之侵害與救濟，臺大法研所碩士論文，民國五十九年五月。

10. 徐小波，工業及智慧財產權之保護及技術移轉講義。

11. 徐國宏，連鎖店管理情報系統設計研究——糕餅食品連鎖店個案實證研究，文化大學企管研究所碩士論文，民國七十二年六月。

12. 許士軍，研究集團企業問題的意義，臺灣區集團企業研究，民國六十一年五月。

13. 許愷，臺灣地區連鎖經營管理之研究分析，文化大學企管研究所碩士論文，民國七十年七月。

14. 商標授權使用限制方法之基礎問題，聯合報，民國五十八年七月二日，第三版。

15. 專利商標註冊與外國商標授權，經濟日報，民國五十六年十一月六日，第三版。

16. 聯手經營話連鎖，經濟日報，民國七十二年十月十日。

17. 把月亮搬到我家工商時代，二〇期，民國七十二年十二月一日。

貳、日文部分

1. 井原哲夫，サービタ，經濟學入門，昭和五十四年八月，東洋經濟新版社。

2. 紋谷暢男編，商標法50講，昭和五十四年七月改訂版，有斐閣。

3. 網野誠著，商標「新版」，昭和五十六年六月初版，有斐閣。

叁、英文部分

一、書籍

1. Jerome Gilson, *Trademark Protection And Practice*, 1982.

2. J. Thomas McCarthy, *Trademarks And Unfair Competition*, The Lawyers Co-operative Publish Co., 1973.

3. J. T McCarthy, *Trademark & Unfair Competition*, p. 45 (2d ed. 1984).

4. Peter Meinhardt And keith R. Havelock, *Concise Trade Mark Law And Practice*, Grower Publish Co., 1983.

5. W. R. Cornish, *Intellectual Property*, Sweet & Maxwell, 1981.

二、期刊專論

1. *Black Law Dictionary*, Fifth Edition, 592 (1979).

2. Emil Scheller, Problems of Licensing And Intent to Use in British Law Countries, 61 *TMR*, 446 (1971).

3. E'va Csiza'r Goldman, International Trademark Licensing Agreement: A key To Future technological Development, 16.

4. Leslie W. Melville, Trade Mark Licensing And The British Decision, 57 *TMR*, 259 (1967).

5. Nathan Isaacs, Traffic in Trade-Symbol, 44 *Harvard Law Review*, 1210 (1931).

6. Notes And Comments, Quality Control And The Antitrust Laws in Trademark Licensing, 72 *Yale Law Journal*, 1171 (1963).

7. Notes, Development in The Law of Trade-Marks And Unfair Competition, 68 *Harvard Law Review*, 814 (1955).

8. Schechter, The Rational Basis of Trademark Protection, 40 *Harvard Law Review*, 813 (1927).

9. Treece, Trademark Licensing And Related Problems Trademark Transfers And Product Restrains in Franchise Agreement, 59 *TMR*, 160 (1969).

大雅叢刊書目

三民大專用書書目——政治・外交

三民大專用書書目——行政・管理

企業概論	陳 定 國	著	前臺灣大學
管理新論	謝 長 宏	著	交 通 大 學
管理概論	郭 崑 謨	著	中 興 大 學
管理個案分析（增訂新版）	郭 崑 謨	著	中 興 大 學
企業組織與管理	郭 崑 謨	著	中 興 大 學
企業組織與管理（工商管理）	盧 宗 漢	著	中 興 大 學
企業管理概要	張 振 宇	著	中 興 大 學
現代企業管理	龔 平 邦	著	前逢甲大學
現代管理學	龔 平 邦	著	前逢甲大學
管理學	龔 平 邦	著	前逢甲大學
文檔管理	張 翔	著	郵政研究所
事務管理手冊	行政院新聞局	編	
現代生產管理學	劉 一 忠	著	舊金山州立大學
生產管理	劉 漢 容	著	成 功 大 學
管理心理學	湯 淑 貞	著	成 功 大 學
品質管制（合）	柯 阿 銀	譯	中 興 大 學
品質管理	戴 久 永	著	交 通 大 學
可靠度導論	戴 久 永	著	交 通 大 學
執行人員的管理技術	王 龍 興	譯	
人事管理（修訂版）	傅 肅 良	著	前中興大學
人力資源策略管理	何永福、楊國安	著	
作業研究	林 照 雄	著	輔 仁 大 學
作業研究	楊 超 然	著	臺 灣 大 學
作業研究	劉 一 忠	著	舊金山州立大學
數量方法	葉 桂 珍	著	成 功 大 學
系統分析	陳 進	著	前聖瑪利大學
秘書實務	黃 正 興	編著	實 踐 學 院

三民大專用書書目——歷史・地理

書名	著者		校別
中國歷史	李國祁	著	師範大學
中國歷史系統圖	顏仰雲	編繪	
中國通史（上）（下）	林瑞翰	著	臺灣大學
中國通史（上）（下）	李方晨	著	
中國近代史四講	左舜生	著	
中國現代史	李守孔	著	臺灣大學
中國近代史概要	蕭一山	著	
中國近代史（近代及現代史）	李守孔	著	臺灣大學
中國近代史	李守孔	著	臺灣大學
中國近代史	李方晨	著	
中國近代史	李雲漢	著	政治大學
中國近代史（簡史）	李雲漢	著	政治大學
中國近代史	古鴻廷	著	東海大學
中國史	林瑞翰	著	臺灣大學
隋唐史	王壽南	著	政治大學
明清史	陳捷先	著	臺灣大學
黃河文明之光（中國史卷一）	姚大中	著	東吳大學
古代北西中國（中國史卷二）	姚大中	著	東吳大學
南方的奮起（中國史卷三）	姚大中	著	東吳大學
中國世界的全盛（中國史卷四）	姚大中	著	東吳大學
近代中國的成立（中國史卷五）	姚大中	著	東吳大
秦漢史話	陳致平	著	
三國史話	陳致平	著	
通鑑紀事本末 1/6	袁樞	撰	
宋史紀事本末 1/2	陳邦瞻	撰	
元史紀事本末	陳邦瞻	撰	
明史紀事本末 1/2	谷應泰	著	
清史紀事本末 1/2	黃鴻壽	著	
戰國風雲人物	惜秋	撰	
漢初風雲人物	惜秋	撰	
東漢風雲人物	惜		

書名	著者		學校
蜀漢風雲人物	惜秋	撰	
隋唐風雲人物	惜秋	撰	
宋初風雲人物	惜秋	撰	
民初風雲人物（上）（下）	惜秋	撰著	
世界通史	王曾才	著	臺灣大學
西洋上古史	吳圳義	著	政治大學
世界近代史	李方晨	著	
世界現代史（上）（下）	王曾才	著	臺灣大學
西洋現代史	李邁先	著	前臺灣大學
東歐諸國史	李邁先	著	前臺灣大學
英國史綱	許介鱗	著	臺灣大學
德意志帝國史話	郭恒鈺	著	柏林自由大學
印度史	吳俊才	著	政治大學
日本史	林明德	著	臺灣師大
日本信史的開始——問題初探	陶天翼	著	
日本現代史	許介鱗	著	臺灣大學
臺灣史綱	黃大受	著	
近代中日關係史	林明德	著	臺灣師大
美洲地理	林鈞祥	著	臺灣師大
非洲地理	劉鴻喜	著	臺灣師大
自然地理學	劉鴻喜	著	臺灣師大
地形學綱要	劉鴻喜	著	臺灣師大
聚落地理學	胡振洲	著	臺灣藝專
海事地理學	胡振洲	著	臺灣藝專
經濟地理	陳伯中	著	前臺灣大學
經濟地理	胡振洲	著	臺灣藝專
都市地理學	陳伯中	著	前臺灣大學
中國地理（上）（下）（合）	任德庚	著	

三民大專用書書目──新聞